FLOWER BORDER DESIGN

花境设计

王美仙 刘燕 编著

中国林业出版社

图书在版编目（CIP）数据

花境设计 / 王美仙, 刘燕编著. -- 北京 : 中国林业出版社, 2013.1
ISBN 978-7-5038-6935-8

Ⅰ.①花… Ⅱ.①王… ②刘… Ⅲ.①园林植物－设计 Ⅳ.①S688

中国版本图书馆CIP数据核字(2013)第014165号

责任编辑：贾麦娥
装帧设计：张　丽
出　　版：中国林业出版社（100009 北京西城区刘海胡同7号）
电　　话：010－83227226
发　　行：中国林业出版社
印　　刷：北京卡乐富印刷有限公司
版　　次：2013年3月第1版
印　　次：2013年3月第1次
开　　本：185mm × 260mm
印　　张：11.5
定　　价：68.00元

前 言

花境是我国目前倍受推崇的一种花卉应用形式。花境中植物种类多样，一次种植多年呈景，可以形成相对稳定的群落；景观自然，可以展现丰富的立面和季相变化。由于它符合现代节约型园林和可持续性园林崇尚自然、重视生态的理念，因此在园林实践中得到高度关注。但是，目前我国对这种能体现地域特色的植物应用形式研究不够，花境植物种类不够丰富，花境设计及应用水平亟待提高。积极开展相关研究，有助于花境在我国更好地应用发展并形成自己的特色。

本书主体内容是王美仙博士期间的研究成果，参考了大量国内外文献。通过探寻花境起源及发展过程中其所在英国花园各个时期的历史背景、风格特点、植物种类等，探明了花境的发展脉络及形成发展原因，为花境在我国园林中的适用性和应用前景作出分析判断。通过挖掘花境发展过程中逐渐形成的设计理念和方法，结合国外大量经典花境案例剖析以及花境设计应用实践，提出花境的设计方法，从花境选址、立面设计、色彩设计、季相设计、平面设计、施工及后期养护等多个层面详细介绍了花境设计和施工的具体程序及步骤。以北京地区花境设计为例，演示了如何从植物种类选择入手，在对植物生长发育过程观测的基础上对花境植物进行选择及应用评价，进而开展设计和施工的整套方法，以供行业专业设计人员和学生借鉴参考。

由于作者水平有限，不妥和错误之处，恳请读者批评指正。

作者

2013.3

目　录

花境设计

第一章
花境及其国内外研究应用概况

1.1 花境释义

花境（flower border）源于英国花园，是一种古老的花卉应用形式。

国内对于花境的概念解释达数种，在文字阐述上虽有不同，但内容基本相似。孙筱祥（1981年）认为“花境是园林中从规则式构图到自然式构图的一种过渡的半自然式的种植形式。”北京林业大学园林系花卉教研组（1990年）认为“花境是以树丛、树群、绿篱、矮墙或建筑物为背景的带状自然式花卉布置，这是根据自然风景区林缘野生花卉自然散布生长的规律，加以艺术提炼而应用于园林”。刘燕（1994年）认为“花境是模拟自然界林地边缘地带多种野生花卉交错生长的状态，运用艺术手法设计的一种花卉应用形式”。中国农业百科全书总编辑委员会（1996年）指出“花境是通过适当的设计，种植以草本为主的观赏植物使之形成长带状，多供一侧观赏的自然式造景设施，花境多用于林缘、墙基、草坪边缘、路边坡地、挡土墙垣等装饰边缘，故又称境边花坛、花径或花缘”。余树勋（1998年）认为“花境从园艺或园林的解释认为是一条狭长的植物种植带，沿着边界或分界线种植，例如道路、建筑基础、墙基、斜坡地的脚下等”。周武忠（1999年）认为:“花境是园林绿地中一种较特殊的种植形式，它有固定的植床，其长向边是平等的直线或曲线，植床内的花卉以多年生为主，其布置是自然式的”。董丽（2003年）指出“花境是模拟自然界林地边缘地带多种野生花卉交错生长的状态，经过艺术设计，将多年生花卉为主的植物以平面上斑块混交、立面上高低错落的方式种植于带状的园林地段而形成的花卉景观”。

国外对花境的直接定义较少，多做描述性的介绍。Christopher Lloyd（1984年）认为：“混合花境中不同类型的植物交织种植在一起，互相映衬。其中，灌木主要提供形式和质感上的坚实骨架，草本植物主要提供色彩。”Penelope Hobhouse（1991年）认为：“花境是将多种植物种植在一起，但不是为了它们各自的特性，而是为了展示植物的群体美。花境包含一系列的植物组团，这些组团搭配在一起营造出三维的前后错落、高低参差的丰富景观。相邻的植物可以争奇斗艳，但它们的贡献却在于组合之后的整体效果。……最初，花境作为花坛的边界、草坪或道路的镶边、墙或树篱的基础。现今，花境被用于更广泛的范围，将种植床中的多种植物搭配在一起形成高度和深度上都富于变化的形式都称为花境——甚至一个岛状种植床也是花境的一种形式。”Hanneke Van Dijk(1997年)指出：“由一二年生花卉、宿根花卉、球根花卉、灌木或小乔木搭配在一起形成的独特的植物混合景观，可称为花境。”

综上所述，花境包含了以下几个方面：多种植物组团交错种植，主要展示植物搭配后的群体美；立面、季相、色彩富于变化；多呈狭长的带状，适用于多种环境场合。因此，花境是艺术性的将多种植物团块搭配种植在一起展现植物的群体美，以形成在立面、季相、色彩等方面都富于变化的一种花卉应用形式。多以条带状的形式用于草坪或道路的镶边、树丛前缘、墙基、树篱基础等场所，现今花境定义更为广泛，独立的岛状花境也是花境的一种形式。但需要指出的是花境并不等同于花镜或花径。

1.2 花境特点

花境植物种类丰富、季相变化明显。经典的混合花境多以宿根花卉为主体，以小乔木及灌木作为背景或骨架，可适当添加一二年生花卉、球根花卉、观赏草等。这些多样化的花境植物在一年中所呈现的景观随着季相变化都有所不同，所以花境的整体景观季相变化明显。

花境立面错落、层次丰富。花境中搭配的植物种类的株高、株型不同，使得整个花境景观在横向的立面上高低错落。另外，花境从前往后纵向上并行的植物团块基本为三个以上，加上各个植物团块的大小不一，组合搭配种植在一起会形成层次丰富的景观。

花境群落稳定、景观持久。花境特别是混合花境本身就是一个小的生态系统，植物种类的多样性以及乔灌草的复层混植方式，使得花境的小群落更具稳定性。由于花境景观较为持久，相比其他花卉应用形式更能发挥一定的生态效益。尤其是由乡土植物及野生植物组成的花境，对本地土壤的生态系统发挥着重要贡献。

花境一次投入、多年可赏，顺应目前提倡的节约型园林理念。由于社会发展附带的环境恶化、资源浪费现象，人们已经开始重新审视园林建设的方方面面，提出节约型园林的思路。在园林花卉应用方面，也在寻求更为节约、持久的花卉景观，花境也因此日益受到重视。据上海园林科学研究所2002年统计，将花境与花坛在成本和效益方面进行比较，花境成本约为花坛成本的1/10，详情见表1-1。

表1-1 花境与花坛投入成本比较分析表

指标	花境	花坛
购置费（元/m^2）	30~50元	44~62.5元/次
换花要求	一次种植，多年使用	每年更换3~4次
每年养护费（元/m^2）	1.2~1.5元	购置费已包括
增值效益（元/m^2）	3.5~5元（次年由宿根花卉产生的增值可收益）	0元（无增值效益产生）
三年合计投入（元/m^2）	30~50元	396~562元

此表引自陈志萍，2005年。

1.3 花境风格

花境是一种艺术形式，各个不同时期、不同设计师设计出来的花境往往带有不同的特点，在整体上呈现出具有代表性的独特面貌。在国外的文献中，常用“风格”或“式样”（style）来表述花境的不同景观，如村舍庭园式花境、节水式花境、立式花境等。风格是内在独特内容与外在表现形式统一而成的，既有着多样性，又有着统一性。而在国内的文献中，则多用“类型”来表述花境的不同景观，将花境依据不同的分类标准，如观赏角度、植物种类、花色等将花境分成多个类型。在一定程度上，国外的花境风格类似于国内的花境类型，但表述方法和本质内容又有所不同。国外很少依据某几种分类标准将花境一一归类，而是多做概括性的个性化阐述。下面介绍几种花境风格。

（1）混合花境（the mixed border）

在19世纪末20世纪初，很多经典的花境设计都是混合种植多种植物种类的，直到现在，混合花境依然占据主导地位。小乔木、灌木、宿根花卉、一二年生花卉、球根花卉、观赏草甚至是疏菜都被种植在一个花境中，形成丰富的、季相变化明显的花境景观。其中的任何一种植物及其组团都不是因为自己的独特性而存在，而都是整个设计的一部分。

混合花境因为有着如此多的不同植物种类要同时考虑，所以在设计中相对复杂。首先需要以小乔木、灌木、观赏草等建立整个花境的骨架，再搭配各个季节开花的其他花卉种类。一般在三年后，则需要对其中较为“柔弱”的植物进行分株或补植，对生长势强的植物要进行必要的重剪或移植，否则生长势强的植物很可能会侵占整个花境，使得植物种类减少，景观效果降低。这种风格的花境追求更为持久的景观效果，包含的植物种类较多，景观丰富，层次感强（图1-1）。

图1-1 混合花境

（2）“英式”草本花境（the 'English' herbaceous border）

传统的“英式”草本花境，在维多利亚时期从有围墙的菜园中解放出来，并且在之后的花园中受到特别关注，于爱德华七世时期达到了顶峰。

这种风格的花境主要由耐寒的宿根花卉组成，多在花园的一角侧重于展示夏季景观，而其他季节的景观则会安排在花园的其他区域展示。在实践中，也会经常在宿根花卉组团中增加球根花卉如郁金香、观赏葱等以增强季节性景观。花后，球根凌乱的叶子会被夏季开花的宿根花卉所掩盖。另外，还有一些一二年生花卉也适合成丛种植在宿根花卉组团之间，多选择花期长的或能自播繁衍的一二年生花卉种类。这样，在开花时会形成一个繁盛的花境景观。这种风格的花境多应用草本花卉，所含的草本花卉种类繁多，注重花卉间的色彩、质感以及株型等的搭配，展现夏季景观为主，主要追求一季开花时的群体效果（图1–2）。

图1–2 “英式”草本花境

（3）村舍庭园式花境（the cottage style border）

这种花境最初布置于村舍庭园中，花境尺度较小，也更为朴实，任何人工化明显、装饰性强的要素都是不受欢迎的。花境中多选择月季、百合、观赏葱、石竹、铁线莲等普遍流行的具有独特花头的花卉种类，这可能与最初在村舍花园中，园主主要是为了采摘花朵而种植花卉有关。此外，蔬菜和花卉常常混种，因为很多蔬菜本身就呈现了独特而朴素的景观，如豆角等豆科植物就是有一定观赏价值的观果、观叶植物，将它攀援在三角架上布置于花境中，还增加了花境的立面层次。

这种花境最重要的是它的朴素和自然。所有植物密植在一起，不必过多的考虑植物的色彩、株型和株高的秩序性，而是追求多种色彩随意混合的繁盛的群体效果。另外，花境旁边可能只提供一个人经过的小路，使人感觉身在花丛中，这与其他花境旁边经常设有较宽的道路或草坪，引得观赏者退后去欣赏整个花境的感觉大为不同（图1–3）。

图1-3 村舍庭园式花境

（4）草场式花境（the meadow style border）

观赏草极具野趣之美，适应性强，在花境中的应用越来越多。常见的方法是将多种观赏草配置在一起形成专类的观赏草花境，或是将几丛观赏草作为焦点或骨架植物点缀在花境之中。而草场式花境与上述两

图1-4 草地式花境

种做法不同，它以种植大量观赏草为主，形成草场式的基底，再在其中少量穿插种植抗性较强的、能在观赏草丛中保持正常生长的花卉，形成自然野趣的草场式花境景观。

多数观赏草种类都可以作为基底植物，特别是一些慢速生长的或是株高最高不超过1.5m的种类更好。其中花卉的株高也不宜过矮，而且开着似菊类的花、穗状花序或是伞状花序的花卉可能在观赏草中更为突出，易表现出色彩感并更富野趣，如黑心菊、波斯菊、蛇鞭菊等。而多数观赏草的蔓延性较强，因此所选择的花卉生长势也应较强，也可以在花卉的种植团块周围设置壕沟或是硬质阻隔将花卉与观赏草加以隔离以保证花卉的正常生长。这种风格的花境更富野趣，因此一些园艺化程度高的植物种类如芍药、月季等则不适宜出现在这种风格的花境中（图1–4）。

（5）立式花境（the vertical border）

立式花境是在花境中利用三角架、立柱、藤架等，在其上攀援植物，形成立面层次丰富的花境景观，这种花境的焦点更为突出，立体感更强。常见的形式主要有两种：一种是在花境中间断性的设置三角架、立柱等，在其上攀爬植物，增加花境的立面层次和焦点；另一种是在花境的整个上方设立藤架，在其上攀爬植物，形成花境与藤架结合的立体景观（图1–5）。

图1–5 立式花境（左图引自《花境设计师》；右图引自《the Flower Garden》）

（6）岛式花境（the island border）

岛式花境也称为独立式花境，与多数花境景观不同的是，它不以树丛、树篱、墙基为背景而存在，而是独自成为主景，设置于花园中央、草坪中央、交通岛等场所，将原本空荡的场地变得更富有吸引力，同时还能起到分割空间、引导视线的作用（图1-6）。

图1-6 岛式花境

1.4 国内外花境研究概况

花境作为一种古老的花卉应用形式，在设计美学、生态效益、景观持续性方面都有着重要的研究价值。国外对于花境的研究相对较早，主要集中在花境的设计方法、设计案例、植物材料等方面，国内对于花境的研究相对较晚，主要对花境基础知识加以介绍，并涉及花境设计、施工养护等方面的内容。

1.4.1 国外花境研究概况

国外有关花境的文献多集中于1920年以后的园林专著、书籍中。研究内容主要涉及花境设计方法、花境实例、植物材料等方面。

在设计方法方面，一些文献侧重于对花境设计较整体的介绍，一些文献则侧重于花境设计中的专项问题研究，如色彩、植物组合等。但总体来说，对于花境设计方法的研究还不够系统全面，比较零散。Tracy Disabato-Aust（2003年）介绍花境的设计过程，阐述了花境设计前对场地的光照、土壤、湿度、温度、风、小气候、现存植物的评价、乔灌木及宿根花卉的选择、花境的色彩设计、植物的种植间距、花境设计步骤、花境的养护管理等几方面的内容。花境设计中的专项内容研究主要涉及花境的色彩设计、植物组合搭配等方面。Gertrude Jekyll （1919年）阐述了花园终年的色彩设计。其中，也重点介绍了耐寒的主花境，7月花境、8月花境、9月花境的色彩设计及植物搭配。杰基尔小姐自然随意的文风让读者在感受花境美感的同时，又从中获得很多花境设计的启发。Et Jardins（1988年）着重介绍了伟大的英国园艺师杰基尔对花境色彩设计的理解和灵活运用，并列举了杰基尔关于白色花境、红色花境、黄色花境、蓝紫色花境等花境配色的实例，给读者直观的印象。Mary Keen（1991）将蓝色、红色、绿色、灰色、白色、黄色、混合色、季相性色彩等几个方面对花园、花境的色彩设计做了详细的介绍，为读者提供参考与借鉴。Tony Lord（2002年）列举了大量关于灌木、攀援植物、月季、宿根花卉、球根花卉、一二年生花卉等优美的组合景观，运用大量图片给读者直观的展示，开展植物组合的研究对花境设计具有重要的指导和借鉴意义。

在花境实例介绍方面，园艺师从各自不同的角度去介绍优秀的花境实例。David Suart（1991年）用文字、平面图及效果图等方式直观地介绍了十多个优秀的花境设计方案，为设计师提供参考。Tony Lord（1994年）详细介绍了12个著名的花境实例，作者试图分析不同设计师的作品，总结各自不同的风格特点。Patrick Taylor（1998年）用平面图、效果图、文字等方式直观地介绍了多个不同的花境，如药草花境、别墅花境、多色花境、阳地花境等实际案例，参考价值较高。

花境植物材料一直是园艺师的研究重点。国外有关学者将适合于花境的植物种类进行归纳总结，但切入的角度不尽相同。Hanneke Van Dijk（1997年）详细介绍了英国几百种适合应用在花境中的植物种类，包括灌木、球根花卉、宿根花卉、一二年生花卉、观赏草等，逐一介绍了植物的名称、形态、花期、生长习性、栽培品种及它们在花境中的应用，并附以图片加以说明。Robin Lane Fox（1982年）不再介绍别的学者已经介绍过的常用植物种类，而是介绍了作者认为更适合应用于花境中的抗杂草的植物种类，节约养护成本。其中介绍了多种适用于花境中能抑制其他杂草生长并且本身观赏期较长的植物，如猫薄荷（*Nepeta cataria*）、羽衣草属（*Alchemilla*）植物、缬草属（*Valerian*）植物、老鹳草属（*Geranium*）植物等。David Squire & Jane Nwedick（1988年）介绍了适合应用于花境中具有独特香味的植物种类，从嗅觉角度呈现花境魅力耐人寻味，并且这是一个良好的创新点。作者阐述了这些芳香植物的历史、名称及名称由来、香味、色彩、形态、适合在何种花境中种植及栽培习性等。Caroline Boisset（1992年）侧重于对植物的动态生长进行研究，跟踪乔木、灌木、攀援植物、宿根花卉等在生长1年、3年、6年……之后的情况。将植物进行动态研究，使花卉的观赏特点与生长速度结合起来，这对预测花境的未来景观有很大帮助。

综上所述，国外对花境的研究侧重于操作层面，多将花境作为一种艺术形式加以实践。国外的花境文献多由具有花境实践经验的园艺师撰写，有些设计师甚至从事过上百个花境项目的实践工作，如英国的园艺师杰基尔。所以撰写的文献内容可能更注重项目实践的总结，更具实践操作的指导意义。

1.4.2 国内花境研究概况

我国对于花境的研究工作日益重视。有关花境的文献主要分布于园林书籍、研究论文、专著、期刊中。《园林艺术与园林设计》（孙筱祥，1981年）中介绍了花境区别于花坛及花丛的特点、花境分类、花境设计等内容，这本书中有关花境的阐述是目前可查阅到的有关花境的最早文献。《花卉应用与设计》（吴涤新，1994年）中的花境一章由北京林业大学刘燕教授编写，首次对花境概念、特点、分类、设计、植物材料等做出了较系统和完善的介绍，此后很多文献有关花境内容多以本章为蓝本。《哈尔滨地区花境专家系统的研究》（徐冬梅，2004年）是我国第一篇以花境为研究主题的硕士学位论文，论文着重研究了哈尔滨地区的花境植物材料，并将调查的植物材料进行计算机编程为数据库，方便设计师查询使用，操作性较强。从国内有关花境文献的发表时间来

看，2000年以前文献数量较少，2000年以后文献数量逐渐增多。另外，北京林业大学园林学院一直将花境作为花卉应用设计的一项重要教学内容，并要求学生做花境的专项设计。

综合国内有关花境的相关研究，主要侧重于花境基础知识的介绍以及花境设计、施工养护等方面的内容。

在花境的基础知识介绍方面，多从花境类型、特点等入手。刘燕（1994年）主要从设计形式和植物选材两方面将花境分类。从设计形式上将花境分为单面观赏花境、多面观赏花境及对应式花境。从植物选材上将花境分为宿根花卉花境、混合式花境、专类花卉花境。随着花境形式的多样化，花境的分类也有越分越细的趋势。魏钰等（2005年）将花境从植物材料、观赏角度、花色、花境轮廓、观赏时间、光线条件、水分条件、功能、经济用途等九个方面对花境进行了全面的分类。从植物材料上将花境分为宿根花卉花境、一二年生草花花境、球根花卉花境、观赏草花境、灌木花境、混合花境、野花花境、专类植物花境；从观赏角度上将花境分为单面观赏花境、双面（多面）观赏花境、对应式花境；从花色上将花境分为单色花境、双色花境、混色花境；从花境轮廓上将花境分为直线形边缘花境、几何形边缘花境、曲线形边缘花境、自然式边缘花境；从观赏时间上将花境分为单季观赏花境、四季观赏花境；从光线条件上将花境分为阳地花境、阴地花境；从水分条件上将花境分为旱地花境、中生花境、滨水花境；从功能上将花境分为路缘花境、林缘花境、隔离带花境、岛式花境、台式花境、立式花境、岩石花境、庭院花境；从经济用途上将花境分为芳香植物花境、药用植物花境、食用花境等。

在花境设计方面，刘燕（1994年）从花境的种植床设计、背景设计、边缘设计、种植设计等方面进行阐述。在花境的种植设计中又分别从植物选择、色彩设计、季相设计、立面设计、平面设计等五个方面加以介绍。其他文献也涉及花境设计方法的介绍，但多以此为借鉴和参考，都主要介绍花境背景前缘设计、植物选择、色彩设计、季相设计、平面设计、立面设计等几方面的内容。

在花境养护管理方面，魏钰等（2005年）的总结较为全面。主要从浇水、除草、施肥、修剪、支撑、覆盖物、病虫害防治、补栽及换花等多个方面进行阐述。

在花境植物种类的介绍方面，刘燕（1994年）主要介绍北方地区适用的花境植物99种，主要侧重于介绍每种植物的花色、花期；顾顺仙

（2005年）重点介绍新优花境植物种类（及品种）共146个，每种（品种）分别介绍原产地、形态特征、生活习性、繁殖方法、养护管理、应用情况等，并配以形态、生长情况等实体彩照，以便于读者进一步了解和识别植物；魏钰等（2005年）从一二年生花卉、宿根花卉、球根花卉、水生植物、观赏草、灌木、攀援植物、针叶树等八个类型进行花境植物材料的介绍，主要介绍每种植物的产地分布、观赏特征、生长习性、繁殖要点、栽培养护及园林应用等。

综上所述，国内主要侧重于对花境基础知识、设计方法、养护管理方面的介绍，用于指导花境设计实践的研究还有待加强。2004年以来对花境的研究力度加大，出现了专著及学术论文，这也反映了我国对于花境应用设计的重视和关注。

1.5 国内外花境应用概况

1.5.1 国外的花境应用概况

在国外，花境除了起源国——英国以外，美国、德国、法国等很多国家都有应用，花境在国外多应用于公园、植物园、私家花园等场所。在这里做简单的概述。

（1）英国

花境在英国的应用相对较多。在植物园、公园、街头绿地以及私家

图1-7 谢菲尔德植物园的花境景观（朱仁元摄）

花园中都有所应用。如在谢菲尔德植物园的中央大道边的草坪上，就有一处长80m的对应式花境。最初于1930年营建为草本花境，于2002年植物园重建，将其营建为混合花境。这个花境四季有景可观，以冬青绿篱作为稳定的绿色背景，除了春季、夏季和秋季漂亮多彩的花卉以外，大量的观赏草为冬天景观也奠定了柔和的色调（图1–7）。在伯明翰植物园西面的草坪上的花境以低矮的石质墙体为背景，为前面的花卉提供了良好的生长环境，花期更为长久。最早开花的是蓝色、红色的肺草以及粉色的老鹳草，夏秋季开花的是在这儿常见的植物如福禄考、钓钟柳、堆心菊、鼠尾草、观赏葱、蓍草、翠雀、雄黄兰、八宝景天等，而常绿的新西兰麻则一年四季有景（图1–8）。

图1–8 伯明翰植物园的花境景观（朱仁元摄）

（2）美国

美国长木公园中沿路布置了一条大型的对应式花境，园路长度约为180m，沿着花境游览可以体验到花境色彩的明显变化：从蓝紫色—粉色—红色—黄色—白色。花境在色彩应用方面堪称经典。色彩变化鲜明，同时又具有很强的整体感，似一个大型的色彩轮展开于地面上，给人以极强的视觉冲击。由于花境很长，所以分隔成几个部分，每个部分都独立成景，整体上又是一条美丽、壮观的花境路。不仅注重整体，也追求细部，为游览者沿途观赏带来惊喜不断（图1–9）。该花境路是长木公园中最为精彩的景观之一，每年吸引数以万计的游客，观赏者无不被其深深吸引。

图1-9 长木公园的花境景观（朱仁元摄）

美国中央公园号称纽约的“后花园”，是一块完全人造的自然景观。其中也应用了花境，花境以修剪整齐的曲线形绿篱为背景，花境有着优美的植物组合，混合了银叶菊、鸭跖草等一年生花卉，鼠尾草、马鞭草等宿根花卉，狼尾草、玉带草等观赏草。色彩以蓝紫色、银白色为主，景色优美，吸引大量游人（图1-10）。

图1-10 美国中央公园的花境景观（朱仁元摄）

（3）德国

德国的柏林大莱植物园（Berlin–Dahlem Botanic Garden）占地约42hm²，以植物地理学研究而闻名。园区按照世界植物地理区系规划，分别栽培了代表欧洲、亚洲、大洋洲、美洲和非洲的植物，堪称是世界植物区系的缩影。其中花卉应用方式多以花境形式出现，应用的花境形式多样，有些花境以规则式的修剪绿篱镶边形成一个个半围合的空间，有些花境搭配小品展现极具趣味性，有些花境花卉种类极其丰富（图1–11）。

图1–11 柏林大莱植物园的花境景观（朱仁元摄）

（4）法国

在法国著名的凡尔赛宫园林中，规则式花坛是典型景观之一，而这些规则式花坛中有些常以修剪的绿篱作为绿色的模纹骨架，在这些修剪的绿篱中会以花境的形式布置多种花卉，以规则式布局、自然式种植的经典方法营造统一而多样化的植物景观（图1–12）。

图1–12 凡尔赛宫的花境

1.5.2 国内花境应用概况

花境在我国开始应用的具体时间，很少有文献记载，因此目前尚不明确。徐冬梅（2003年）认为“30多年前，花境这种在西方国家广为流传的花卉种植形式飘洋过海来到我国……在公园里应用了花境的形式”。而在与北京林业大学园林学院的老教授交流时，他们回忆称北京林业大学于20世纪五六十年代在校园里营建过花境，当时由学生参与设计和管理，但很遗憾没有留下相关资料。

近年来，我国已逐渐重视花境的应用，以北京、上海、杭州等大中城市应用较多，并呈逐年增多的趋势。

（1）北京

在北京的植物园以及一些公园、街头绿地有花境的应用，但应用面积相对较少。花境中多选用一二年生花卉、宿根花卉等，搭配少量灌木。

A 北京植物园

花境设置在主干道一侧，长度约为13m，宽度约为3.5m，以乔灌草搭配的自然群落为背景。花境为五·一花展所布置，以棣棠等少量灌木为骨架，多种植一二年生花卉，搭配少量宿根花卉和球根花卉，以红色、黄色等暖色为主色调，表现节日气氛。其平面图和景观效果见图1–13。

花境中的植物种类有：1.美女樱*Verbena × hybrida* 2.棣棠*Kerria*

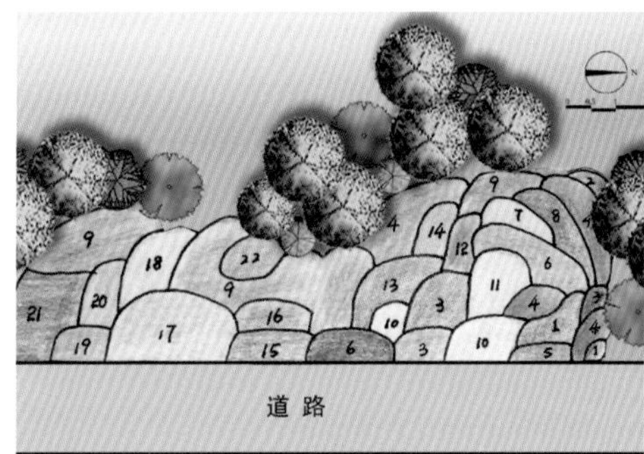

图1–13 北京植物园的花境平面图及景观效果

japonica 3.三色堇*Viola tricolor* 4.金盏菊*Calendula officinalis* 5.旱金莲*Tropaeolum majus* 6.矮牵牛*Petunia hybrida* 7.岩白菜*Bergenia purpurascens* 8.毛地黄*Digitalis purpurea* 9.花毛茛*Ranunculus asiaticus* 10.非洲万寿菊*Tagetes erecta* 11.羽扇豆*Lupinus polyphyllus* 12.金鱼草*Antirrhinum majus* 13.大花飞燕草*Delphinium grandiflorum* 14.羽衣甘蓝*Brassica oleracea* var. *acephala* f. *tricolor* 15.矮牵牛*Petunia hybrida* 16.杂种耧斗菜*Aquilegia hybrida* 17.报春花*Primula malacoides* 18.白晶菊*Chrysanthemum paludosum* 19.黄晶菊*Chrysanthemum multicaule* 20.雏菊*Bellis perennis* 21.郁金香*Tulipa gesneriana*。

B　**长椿桥道路两侧**

花境分段布置在长椿桥主干道两侧，每侧布置花境各4段，每段长

图1–14 长椿桥道路边花境平面图及景观效果

约45m，宽约1.8m，每段之间以圆柏修剪绿篱作为隔断，整个长花境也以修剪的圆柏绿篱为背景。花境以一二年生花卉为主，为了使主干道上的司机对花境的整体景观留有印象，所以植物的种植团块面积较大，约有5~10m^{2}不等。其平面图和景观效果见图1-14。

花境中的植物种类有：1、6.醉蝶花*Cleome spinosa* 2、12.宿根天人菊*Gaillardia aristata* 3.八宝景天*Sedum spectabile* 4.玉带草*Phalaris arundinacea* var. *picta* 5.大花金鸡菊*Coreopsis grandiflora* 7.矮牵牛*Petunia hybrida* 8.紫叶酢浆草*Oxalis triangularis* 'Purpurea' 9.虞美人*Papaver rhoeas* 10.鼠尾草*Salvia japonica* 11.雏菊*Bellis perennis*。

（2）上海

在上海，花境在公园以及街头绿地应用较多，而上海也是目前我国花境应用最多的城市。据报道，上海市绿化管理局于2001年在曹家渡绿地、虹桥路绿地、海宁路绿地、光启绿地、打浦桥绿地等7个绿地，约930m^{2}的绿地进行花境的小块应用试点，都呈现了较好的观赏效果并取得成功。2002年，试点范围逐步扩大，全市有42个点，约6600m^2，黄浦区大桥绿地、普陀区长寿绿地、卢湾区丽园路绿地、顺昌路绿地、静安区青海路绿地、杨浦区中山北二路绿地等花境应用效果明显。2003年，上海为创建国家园林城市，一些主要道路和重点区域的绿地也开始尝试应用花境，如肇家浜路、虹桥花园、世纪公园、松江思贤公园、思贤路、中山西路虹桥路绿地、黄陂路、外滩等，约14868m^2。2004年，在上海的新江湾城、西郊宾馆、曹家渡绿地、静安公园、三泉公园、延中公园、徐家汇公园、古城公园建造了较大规模的花境。

A　**体育公园**

花境长为33m，宽为5m。布置在公园入口的道路旁，与背景处的乔木、灌木树丛连成一体，较为自然。花境前缘为弧形曲线，以美女樱镶边防止内缘的植物种类枯萎时倒伏，影响道路通行和美观。花境平面的植物团块面积大小悬殊，在1~13m^{2}之间。立面效果通过植物本身来塑造，选择的前景植物高约0.3m，中景植物高约0.8m，背景植物高约1~1.6m。花境选材以宿根花卉为主，配以一二年生花卉、灌木、观赏草等。花境色彩为多色混合设计，但以红黄色为主。主要观赏期集中在4~9月。其平面图和景观效果见图1-15。

选用植物种类有：1、11.月见草*Oenothera biennis* 2.针茅*Stipa capillata*

3.美人蕉*Canna indica* 4.亚菊*Ajania pallasiana* 5.醉鱼草*Buddleja lindleyana* 6.紫松果菊*Echinacea purpurea* 7.芒*Miscanthus sinensis* 8、22.千屈菜*Lythrum salicaria* 9.六道木*Abelia biflora* 10.黄晶菊*Chrysanthemum multicaule* 11.萱草*Hemerocallis fulva* 12.天蓝鼠尾草*Salvia uliginosa* 13.绣线菊*Spiraea salicifolia* 14.银叶菊*Senecio cineraria* 15.蓍草*Achillea millefolium* 16.花叶薄荷*Mantha rotundifolia* 'Variegata' 18.玉带草*Phalaris arundinacea* var. *picta* 19.紫叶酢浆草*Oxalis triangularis* 'Purpurea' 20.玉簪*Hosta plantaginea* 21.大吴风草*Farfugium japonicum* 23.八仙花*Hydrangea macrophylla* 24.美女樱*Verbena* × *hybrida*。

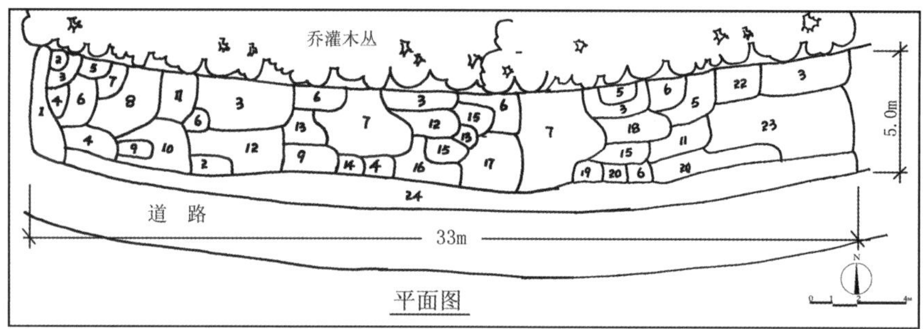

图1–15 体育公园中的花境平面图及景观效果

B **世纪公园**

由18个分开的花境组成了一个花境群，共约有550m长，花境群在25~30m作一隔断，景观非常宏伟。花境设置在9.5m宽的公园道路中央，花境宽3.5m，分割出的两边道路各为3m，为两面观花境。为了保证景观的持久性，花境中央多以修剪的黄杨、金叶女贞作为骨架，在两边多布置宿根花卉，边缘为高起地面约0.08m的水泥条板镶边。立面效果通过植物本身以及微地形来塑造，地形为中央一条高，两边低。花境色彩为多色混合设计。主要观赏期集中在4~9月。其平面图和景观效果见图1-16。

选用植物种类有：1.小叶黄杨*Buxus microphylla* 2.金叶女贞*Ligustrum × vicaryi* 3.宿根福禄考*Phlox paniculata* 4.萱草*Hemerocallis fulva* 5.地被菊*Dendranthema morifolium* 6.金叶过路黄*Lysimachia nummularia* 'Aurea' 7.亚菊*Ajania pallasiana* 8.白三叶*Trifolium repens* 9.美国薄荷*Monarda didyma* 10.常春藤*Hedera helix*。

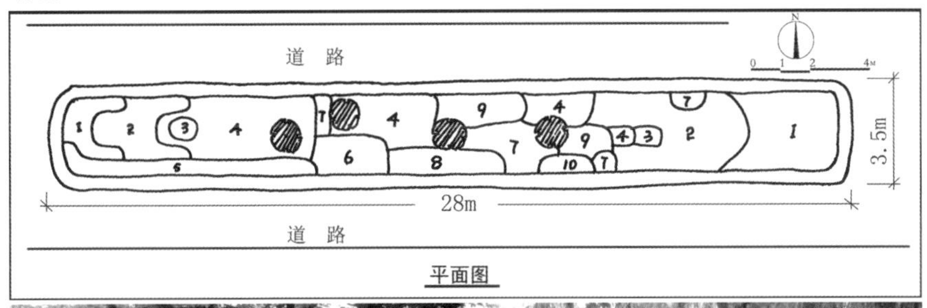

图1-16 世纪公园十八花径景点的花境平面图及景观效果

C　**曹家堰街头绿地**

花境长45m，宽度最窄处为1.8m，最宽处为3.5m，布置在街头绿地中。花境前面是面积较大的草坪，背景为乔木、灌木丛，花境与背景自成一体，景观效果较好。花境前缘为曲线形，边缘与草坪相接，为了花卉不蔓延到草坪上，在花境与草坪之间空出一条宽为0.25m的沟，一些饰缘花卉正好蔓延盖住沟缝。植物立面效果通过植物本身以及前低后高的种植床来塑造，种植床坡度为3%~5%左右。植物景观高低错落，选择的前景植物高约0.3m，中景植物高约0.6~0.8m，背景植物高约

1.1~3m，前景到背景有很好的过渡。选择植物种类及品种近50个，以宿根花卉为主，配以灌木及观赏草。主要观赏期集中在4~9月。花境色彩为多色混合设计。其平面图和景观效果见图1–17。

选用植物种类有：1.萱草*Hemerocallis fulva* 2.玉簪*Hosta plantaginea* 3.熊掌木*Fatshedera lizei* 4.绣线菊*Spiraea salicifolia* 5.美国薄荷*Monarda didyma* 6.美女樱*Verbena × hybrida* 7.火星花（雄黄兰）*Crocosmia× crocosmiiflora* 8.美人蕉*Canna indica* 9.匐枝亮叶忍冬*Lonicera ligustrina* var. *yunnanensis* 'Maigrun' 10.一叶兰*Aspidistra elatior* 11. 银叶菊*Senecio cineraria* 12.芒*Miscanthus sinensis* 13.醉鱼草*Buddleja lindleyana* 14、43.八仙花*Hydrangea macrophylla* 15.月季*Rosa chinensis* 16.紫松果菊*Echinacea purpurea* 17.蓍草*Achillea millefolium* 18.宿根天人菊*Gaillardia aristata* 19、25.玉带草*Phalaris arundinacea* var. *picta* 20.花叶薄荷*Mantha rotundifolia* 'Variegata' 21.柳叶马鞭草*Verbena bonariensis* 22.黄晶菊*Chrysanthemum multicaule* 23、33.紫叶酢浆草*Oxalis triangularis* 'Purpurea' 24.八宝景天*Sedum spectabile* 26.亚菊*Ajania pallasiana* 27.彩叶草*Coleus blumei* 28.白三叶*Trifolium repens* 29.六道木*Abelia biflora* 30.银叶菊*Senecio cineraria* 31.钓钟柳*Penstemon campanulatus*

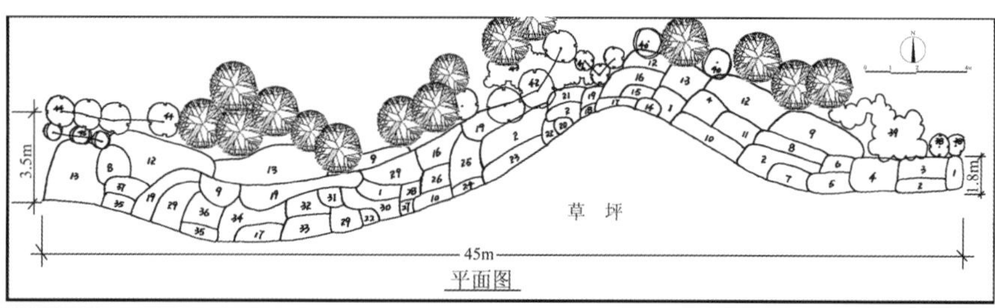

图1–17 曹家堰街头绿地中的花境平面图及景观效果

32.宿根福禄考*Phlox paniculata* 34.地被菊*Dendranthema morifolium* 35.穗花婆婆纳*Veronica spicata* 36.林荫鼠尾草*Salvia nemorosa* 37.小叶黄杨*Buxus microphylla* 38.碧桃*Prunus persica* 'Duplex' 39.木槿*Hibiscus syriacus* 40.樱花*Prunus serrulata* 41.山茶*Camellia japonica* 42.德国鸢尾*Iris germanica* 44.红枫（紫红鸡爪槭）*Acer palmatum* 'Atropurpureum' 45.棣棠*Kerria japonica*。

（3）杭州

在杭州，花境在公园以及西湖风景区应用较多。据报道，2003年开始大规模建设，湖滨长桥公园、杭州花圃、曲院风荷、万松书院等32个景点，约2410m^{2}的绿地布置了花境。据杭州园林部门资料统计，目前杭州地区拥有花境面积8100m^2，分布在全市74个点，其中以西湖风景区湖滨管理处、岳庙管理处、灵隐管理处、凤凰山管理处管辖的绿地最为

图1-18 杭州西湖白堤上的花境

集中。如灵隐管理处管辖的曲院风荷、赵公堤、茅家埠上香古道等景点，均营造了花境。

2008年在杭州西湖的白堤上，花境布置在堤两边的草坪中，每隔5m间断性布置，每个花境长约15m，宽约2~3m，外轮廓为曲线形，整体规模较大。多为两面观花境，花境中间以灌木为主形成骨架，在四周多配以一二年生花卉。其景观效果见图1-18。

选用植物主要有：红檵木*Loropetalum chinense* var. *rubrum*、八角金盘*Fatsia japonica*、南天竹*Nandina domestica*、杞柳*Salix integra*、矮牵牛*Petunia hybrida*、白晶菊*Chrysanthemum paludosum*、孔雀草*Tagetes patula*、银叶菊*Senecio cineraria*、藿香蓟*Ageratum conyzoides*、毛地黄*Digitalis purpurea*等。

（4）深圳

在我国的南方城市，由于其地理和气候原因，园林中常用观叶植物、花灌木等，而宿根花卉在园林中还较少用到，所以花境景观也有其自身的特色，以灌木花境为主。在深圳，花境在公园、道路上也陆续出现，如深圳中心公园、园博园、莲花山公园市花园等处。莲花山公园市花园的大型花境沿园路一侧布置，总长度约120m，宽度约3~5m。市花园的建设为深圳市迎接第26届世界大学生运动会项目之一，因此该花境

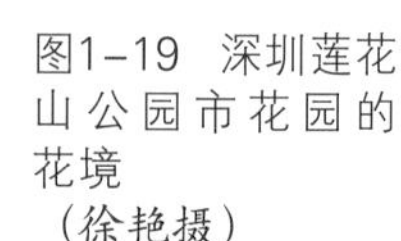
图1-19　深圳莲花山公园市花园的花境（徐艳摄）

以深圳市花——叶子花为背景，配以花色艳丽、盛花期在8月份的花灌木，再辅以色彩丰富的彩叶植物，共同营造“市花迎大运”的热烈气氛。其景观效果见图1-19。

花境中的主要植物有：叶子花*Bougainvillea spectabilis*、龙船花*Ixora chinensis*、软枝黄蝉*Allamanda cathartica*、变叶木*Codiaeum variegatum*、朱蕉*Cordyline fruticosa*、金边龙舌兰*Agave angustifolia* 'Marginata'等。

综上所述，我国花境主要应用于植物园、公园及街头绿地中，以宿根花境、混合花境为多。总体来看，华北、华中、华南的花境应用特点有所不同。北京地区多以一二年生花卉为主，多结合花展主要表现春夏、夏秋景观，上海等地以宿根花卉为主，表现春、夏、秋三季景观，深圳等地以灌木为主，表现四季景观。虽然在植物选择上各地均有一些不同，但常用的宿根或一二年生的商品花卉在三个地区都有应用。见表1-2。

表1-2　我国花境应用情况简表

地区	代表城市	应用场所	花境类型	常用植物材料
华北	北京	植物园、公园、城市道路	混合花境，以一二年生花卉为主	棣棠、迎春、紫叶小檗、耧斗菜、八宝景天、大花金鸡菊、鼠尾草、玉带草、美女樱、矮牵牛、毛地黄、羽扇豆、金鱼草、翠雀、羽衣甘蓝、白晶菊、黄晶菊、雏菊、醉蝶花等
华中	上海	公园、街头绿地	混合花境，以宿根花卉为主	醉鱼草、花叶锦带、金叶六道木、亮绿忍冬、金山绣线菊、萱草、玉簪、火炬花、紫松果菊、大吴风草、一枝黄花、荷兰菊、大花金鸡菊、宿根天人菊、千屈菜、德国鸢尾、花叶美国薄荷、绵毛水苏、鼠尾草、亚菊、美人蕉、垂盆草、孔雀草、银边翠、红花酢浆草、美丽月见草、金叶过路黄、花叶蔓长春、葱兰、芒、蓝羊茅、狼尾草、玉带草等
华中	杭州	公园、城市道路	混合花境，以宿根花卉为主	八仙花、山茶、南天竹、花叶杞柳、杜鹃、八宝景天、紫松果菊、火炬花、大滨菊、玉簪、羽扇豆、毛地黄、绵毛水苏、花叶美人蕉、银叶菊、紫叶酢浆草、香雪球、美女樱、白晶菊、玉带草等
华南	深圳	公园	灌木花境	美丽异木棉、鸡蛋花、凤凰木、苏铁、红檵木、龙船花、红背桂、蜘蛛兰、龙舌兰、海芋等

花境设计

第二章
花境的起源及发展历史

花境起源于英国花园，有着悠久的发展历史。但目前就文献资料来看，国外对于花境的发展脉络并没有全面系统的归纳，都是在一些文献中零散提及。Rosemary Verey（1989年）指出："在十六世纪，结节园的外围一般都用连续的、相互交错的草本植物所组成的'border'来镶边，'border'是围合结节园的直线框架。"Peter Verney & Michael Dunne（1989年）阐述："在维多利亚时代……行列式种植的花坛植物在五个月的辉煌花期过后，留下的却是光秃秃的土地，引起一些园艺师的质疑……他们开始为花园寻求另一种更自然更持久的景观。而且，那时从各地获得的许多植物，并不都适合在规则的种植床中栽培，也不能让它们在野生环境中自生自灭。于是，在大量规则式种植的花卉景观以及自然的村舍花园，和未开垦的野生花园风格之间需要一种新的种植风格。为了给宿根草本植物和灌木留有种植空间，则产生了混合花境。Tony Lord（1994年）指出："尽管花境长期以来是花园的重要部分，但是我们现今所看到的主要表现植物群体效果的花境景观却是相对近代的事了。在中世纪时期，'border'这个词最先应用于花园里花坛的镶边。……到十八世纪，花境是为了近距离观赏而种植花卉的场所，每个部分的花卉都是'稀疏种植'的状态。这样的花境与现今的花境不同，它不是为了营造花卉的群体效果以及植物色彩与质感搭配的整体效果，而只是为了能在邻近的部分观赏花卉而采用的简单种植。"Mark Laird（1999年）指出："位于古德伍德东南墙下的花境是草本花境的先驱……"

国内一些学者对花境的起源及发展也只做了简单阐述。刘燕（1994年）指出："花境源于英国古老而传统的私人别墅花园……于19世纪风靡英国。"董丽（2003年）指出"19世纪后期，英国的画家和园艺家杰基尔模拟自然界中林地边缘地带多种野生花卉交错生长的状态，运用艺术设计的手法，开始将宿根花卉按色彩、高度及花期搭配在一起成群种植，开创了景观优美的被称为花境的一种全新的花卉种植形式。"徐冬梅（2004年）指出："花境起源于英国古老而传统的私人别墅花园。在维多利亚时代，人们在僵硬一致的大片种植、混乱的令人兴奋的乡村花园和未开垦的荒地之间探求一种适宜的花卉种植方式，在这里，诞生了最初的花境。"魏钰，朱仁元等（2005年）指出"花境（border）这个词最早出现在中世纪，起源于英国传统的私人别墅花园。据考证，最早的草本花境出现在英国柴郡哈雷庄园（Arley Hall），距今约有150年的历史。”陈志萍（2005年）指出：“花境起源于英国古老而传统的私人别墅花园。它没有规范的形式，在树丛或灌丛周围成群地混合种植一些管理简便的耐寒花卉，其中以宿根花卉为主要材料，这种花卉的应用形式便是最初的花境。”顾颖振（2006年）指出：“草本花境初具雏形的时期，约始于19世纪30~40年代，哈雷庄园的花境是标志草本花境产生的主要代表作。”由此可见，花境产生的具体年代，目前尚没有统一的认识。

花境如同其他园林艺术形式一样，是在传承、借鉴、融合的历史氛围中走到了今天。但国内外对于花境的发展历史并没有进行系统深入的研究，致使我们对花境发展脉络的了解不全面。而目前我国要借鉴花境这种花卉应用形式为园林所用，则更加迫切地需要我们了解花境的发展历史、借鉴国外花境发展的基本经验，为我国花境应用提供科学的理论和实践依据。所谓“知史以明鉴”，对花境的发展历史研究有着重要的理论和实际意义，可帮助我们真正了解花境的发展脉络；获得一些可借鉴的设计理念和方法为我所用；分析出花境在我国的适用性等诸多价值。

花境经过漫长的发展，逐渐形成经典的植物应用形式。因花境起源于英国花园，所以探寻花境的发展历程从英国花园开始。重点分析花境所在各个时期的历史背景、花园特点、花境特点、植物种类、设计师代表作等多个方面，厘清花境发展脉络，并挖掘其中的花境设计理念及设计方法。

2.1 中世纪英国花园中草本混植的出现

中世纪是从5世纪古罗马帝国分裂，到15世纪文艺复兴的时间段，是基督教会统治欧洲的时代。最早有记载的花园是与寺院和宗教有关的花园，修道院的内部花园也成为英国中世纪园林的最初形态。“自9世纪开始，修道士已经在抬高的长方形种植床中种植植物了，没有很清楚的其他记述了……。但是这些种植床种植花卉是为了采摘而不是为了观赏。从一些精选的插图中我们可以发现，花卉在这些抬高的种植床中都种植得比较稀疏”（Rosemary Verey，1989年）（图2-1）。

图2-1 修道士在抬高的种植床中种植植物
（引自《外国园林史》，杨滨章，2003）

由于这一时期政治的不稳定，所以花园最首要的是需要安全。花园被安排在高高的城墙当中。随着封建制度的完善与发展，伊甸园形象被牢牢确立，僻静安全的花园则实现了人们的伊甸园梦想。王室贵族们也纷纷建立了皇室花园，这个时期的花园除了供给食物、药物、香料之外，也是娱乐、社交和休憩场所。贵族们所有的游戏都在户外进行，在

图2-2 中世纪花园的花、草、蔬菜混植
（引自《Period Flowers》，Jane Newdick，1991）

花园里采花采果、制作花环和修整攀援植物，富有的贵族家庭会雇用很多劳力来维护花园。当时的普通居民也圈起住宅旁的地块作为自己的菜园或花园，在其中种植蔬菜、药草，以满足家庭的食用、药用和香料之需。由于条件限制，普通居民的菜园或花园，园艺化水平不高，人们通常将药草与蔬菜、花卉等都种植在一起，以成簇成丛状的形式混植（Jane Newdick，1991年）（图2-2）。

中世纪花园的植物种植注重具有实用价值的草本花卉的应用，这些花卉中的大部分是自然野生的，也有少数种类是经过驯化或引进的。这一时期流行的花卉首先要实用，其次是有香味。所以既实用又芳香的植物如蔷薇属（*Rosa*）、百合（*Lilium*）、薰衣草属（*Lavandula*）植物在这一时期颇受欢迎。花园常见种植的花卉种类还有雏菊（*Bellis perennis*）、堇菜属（*Viola*）、长春花属（*Catharanthus*）、报春花属（*Primula*）、紫罗兰属（*Matthiola*）、春黄菊属（*Anthemis*）、月见草属（*Oenothera*）、桂竹香属（*Cheiranthus*）等。

中世纪时期的英国花园一切从安全角度和实用价值出发，并没有太多艺术性的装饰，也没有经典的花境形式产生。但当时在抬高的长方形种植床中种植植物以及在庭园中成丛状的混植药草、蔬菜和花卉，在一定程度上具备了花境的长条形轮廓以及自然丛植的基本特征，并且在花园中野生花卉和引种花卉都得以种植，也为花境以后的发展奠定了植物种类方面的基础。而现今的一些花境中除了种植花卉以外，也会种植蔬菜和药用植物，似乎回归到了这时的花园景观，不过在种植形式和艺术上都大大提升了。

2.2 文艺复兴时期结节园的兴起与‘border’园艺术语的提出

文艺复兴时期是第二都铎王朝君主亨利八世（Henry Ⅷ）（1491~1547年）于1509年登基至1660年查理二世（Charles Ⅱ）成为国王的时间段，跨越将近150年的时间。这个时期由于受到意大利文艺复兴运动的影响，中世纪宗教的黑暗统治最终被冲破，中世纪花园高大的围墙再也无法禁锢人性的解放。当时的一些人文主义哲学家如尼古拉斯·库莎、哥白尼等的哲学思想影响了园林美学。这时形成了一个基本的美学思想是：“美便是和谐与完整”“美是有规律的、客观的”，

此时追求建筑、园林构图的理性化与科学化，无论是总体结构还是局部细节都遵循完美的图形表达（李雄，2006年）。伟大的汉普顿王宫（Hampton Court Palace）中的花园就是这时建成的，虽然保留了中世纪时期花园的许多特点，但却显示出了景观的理性变化。

这一时期社会相对稳定，花园不需要建造太多的保护设施，尽管花园还设置在护城河、墙或篱笆以内，更多的是出于设计的空间和秩序考虑。而这一时期花园的最大特点是贵族们为了能有最佳的观景点以便看到高墙或篱笆内外的全部景观，用土、木材做成山丘供人观景。这一时期的造园者很有技术和天赋，他们发明了园艺手工工具嫁接刀、芽接刀等，研究出嫁接和繁殖植物的方法，设计出喷灌系统以维持植物生存。同时，由于受文艺复兴运动的影响以及具备了较成熟的园艺条件，人们对精致细腻的园林景观更为青睐。所以在这个时期，人们对设计精美的花园的热爱达到了顶峰。这种精美的花园在当时被称为结节园（knot garden），是一种由绿色植物修剪成花结似的图案，再在其中栽植花卉或填充彩色砾石的造园方式。结节园由形状规则的多个小种植床组成，各个小种植床周围一般除了砌上硬质的砖或木头以外，还可以运用黄杨属（*Buxus*）、神圣亚麻属（*Santolina*）或石蚕属（*Teucrium*）植物等多种植物材料用来分割空间，目的是为了不让土壤滑离种植床和保护植物不超出各自的种植范围，而各个小种植床的边被称为“thread”。同时，在结节图案的四周还会种植修剪的常绿植物形成整个结节图案的镶边，这样的镶边在当时被称为“border”，镶边在形式上其实类似于窄窄的绿篱（图2-3）。此时，“border”这个园艺术语被运用于花园中。一些园

图2-3 都铎宅邸结节园边的“border”（引自《Classic Garden Design》，Rosemary Verey，1989）

艺作者也在论著中说明了这一点，Rosemary Verey（1989年）指出“十六世纪，‘border’是围合结节园的直线框架”。Tony Lord（1994年）指出“‘border’这个词最先指的是花坛镶边”。只不过，这一时期的“border”与我们现今所指的花境（border）在景观上完全不同。

文艺复兴时期的植物极大丰富，引进了大量的外来植物种类。如1578年从荷兰引进的郁金香；从南欧引进的南欧紫荆（*Cercis siliquastrum*）和金链花（*Laburnum anagyroides*）；从东欧引进的丁香（*Syringa oblata*）。1530年用于汉普顿王宫花园的植物种类非常繁多，其中也有大量的花卉应用。1596年，园艺师约翰·杰拉德（John Gerard）列出了自己花园的植物名录表，竟然有1000多种植物。这时期花园里常见种植的植物有黄杨属、桧柏属（*Sabina*）、冬青属（*Ilex*）、常春藤（*Hedera helix*）以及紫罗兰属（*Matthiola*）、蔷薇属、水仙属（*Narcissus*）、报春花属、黑种草属（*Nigella*）、芍药属（*Paeonia*）等花卉种类。

这一时期受文艺复兴运动的影响，加上园林工具、修剪手法、喷灌系统的逐渐成熟以及不断的引种工作，人们对花园的热爱升温，更青睐设计精美的花园景观，这使得结节园的发展达到顶峰。而种植在结节园四周的镶边框架在园艺上被称为“border”，“border”园艺术语由此产生。

2.3 王政复辟时期到浪漫主义时期花坛的盛行与花境雏形的出现

王政复辟时期到浪漫主义时期开始于1660年奥利弗·克伦威尔（Oliver Cromwell）和国会议员的统治，结束于1713年乔治一世（George Ⅰ）登基。这期间英国的花园和园艺极大地受到外国思想的影响。1660年王朝复辟之后，花园最先受到法国的影响，宫廷贵族力求重新建立专制君权，处处模仿法国的凡尔赛宫，追求规模宏伟的规则式和几何式花园；发展到后来特别是威廉（William，荷兰人）和玛丽（Mary）统治期间，花园受到荷兰的影响，追求复杂的盛花花坛景观。在这一时期快要结束时，出现了打破规则式花园风格的思潮。园林工作者积极寻求方法来建立更为广阔的公共用地，由于受到意大利和法国浪漫主义艺术运动的巨大影响，园林形成了追求自然的主流构想。

王朝复辟后，花园设计发生了变化，贵族们雇用设计师设计以前

从未有过的大规模、大尺度的花园。这个时期凡尔赛宫的影响主宰了整个欧洲园林，富人们都想拥有法国凡尔赛宫似的花园。这种造园手法基本上都是长长的林荫道以及将大片的树林设计成几何形式，一切造园要素都有准确的数字安排，这种形式非常适用于法国北部一些地势平坦的园林。而对于英国起伏的地形，照搬这种形式往往不能成功，所以在造园时经常按比例缩减运河和场地的面积（Jane Newdick，1991年）。除了大规模规则式的理水、树林种植外，还有一个重大转变就是以种植绿篱为主的结节园转变成为以花卉景观为主的花坛（李雄，2006年）。人们崇尚大型花坛带来的视觉冲击。尽管大面积的花坛需要种植多种色彩的花卉以达到最佳效果，但总体来说，这还是一个由绿色植物架构的时期，花园中仍然以绿色植物为主，所以这时期花园的另一重要特点是盆栽绿色植物。

在大量的园林实践中，出现了造园和园艺上的专家，出版了有关造园和园艺方面的书籍。《森林志》（Sylva）（John Evelyn，1664年）是在英国皇家园艺协会的要求下撰写出版的一本有影响力的书籍，主要是为了抵制英国森林每年遭到的破坏，并鼓励人们种植新的植物种类。在贵族们崇尚大规模花园的同时，普通老百姓还只拥有普通的花园，在其中种植庄稼作为食物补充，种植花卉以愉悦身心。所以一些园艺作者也开始撰写有关如何建造小尺度花园的书籍。《花神、罗神、希神》（Flora，Ceres and Pomona）（John Rea，1665年）中主要阐述了对小尺度花园设计的理解。他提出了怎样在房屋的南边为享受“乐趣、创造和娱乐”而设计花园，认为花园应该主要由果树和花卉所组成，而“菜园不具观赏效果，因而菜园应该安排在更偏僻的场所”。实际上，这种将菜园与花园分开的提法早在1618年威廉·劳森（William Lawson）就提出过，他认为“将供观赏为主的花园从菜园中分离出来，以便人们更好地享受花草的芬芳与清香，而不必受洋葱和卷心菜气味的干扰”。

到了1688年，威廉（William）和玛丽（Mary）登基后，因为威廉是荷兰人，英国的花园设计深受荷兰的影响，特别表现在追求复杂的花坛设计和细节设计上。花园中流行着复杂的花坛（bed）图案，花坛周围也用窄的“border”镶边。而此时用于花坛镶边的“border”的种植风格也发生了一些改变，不再是一条带状修剪的整齐绿篱了，而是将绿篱修剪成中空的矩形，在矩形的绿篱中间稀疏地种植了一些花卉，如花贝母（*Fritillaria imperalis*）、郁金香等。这些花卉与绿篱一起构成花坛的“border”。威廉和玛丽的宫殿花园中的花坛与镶边的“border”就是这种种植方式（图2-4）。关于这一时期出现的“bed”和“border”形式，两个17世纪后期的园艺作者约翰·伍里奇（John Worlidge）和约翰·瑞（John Rea）给出了较为清晰的陈述。伍里奇认为“border”是“bed”的镶边；而约翰·瑞在阐述一个有墙的方形小花园设计时，这样写道：“在方形花园中央设置‘bed’，在花园的墙边设置‘border’以作为中央‘bed’的镶边。而‘border’应与‘bed’齐平，‘border’也可用木板镶边，而且其中的种植应该比较稀疏（Rosemary Verey，1989年）。除此之外，约翰·瑞还推荐在“border”中种植红色的报春花属（*Primula*）、獐耳细辛属（*Hepatica*）、玫瑰色的剪秋罗属（*Lychnis*）植物、耳状报春花（*Primula auricula*）、紫罗兰属、桂竹香属等多种植物，并用番红花属（*Crocus*）植物镶边。而在“bed”的内部空间种植百合、水仙、郁金香、鸢尾等植物。

图2-4 威廉和玛丽宫殿花园中的花坛“border”（引自《Best Borders》，Tony Lord, 1994）

这时期的花卉培育和引种工作依然不断进行，主要从南美、北美、意大利收集而来。同时，也开始出现了商品花卉，如石竹属（*Dianthus*）、毛茛属（*Ranunculus*）、郁金香、报春花、风信子、西洋樱草（*Primula acaulis*）等花卉供人交易买卖。花园中种植的植物种类几乎和上个世纪没有太大变化，还是报春花、紫罗兰、百合等。17世纪晚期的花卉种类主要有朱顶红属（*Hippeastrum*）、仙客来属（*Cyclamen*）、鸢尾属、番红花属、葱属（*Allium*）、风信子、耳状报春花、水仙花等。流行的夏季开花植物有飞燕草、紫盆花（*Scabiosa atropurpurea*）、羽扇豆（*Lupinus polyphyllus*）、矢车菊（*Centaurea cyanus*）、一年生的香豌豆（*Lathyrus odoratus*）、锦葵属（*Malva*）等植物。

由于人们追求复杂的花园细节景观，雕塑和整形艺术也成了这时花园的一大特点，人像和鸟类雕塑常常布置于花园中，常绿植物也经常被修剪成圆柱形或金字塔形，是一种极度干预自然的方式。到了

1712年，这种园林思潮开始被有先进文艺思想的造园家艾迪生（Joseph Addison）、蒲伯（Alexander Pop）等否定，渐渐地，规则秩序的花园落伍了，自然风景园林这种新的花园潮流将随之而来。

王政复辟到浪漫主义时期的英国花园中虽然还是以绿色植物为主，但花卉的应用比上世纪更多了。由于先后受法国和荷兰园林思潮的影响，追求大尺度的规则式花园和复杂的花坛景观。花坛周围也用"border"镶边，但"border"在种植形式上比上一阶段发生了明显的变化，由最初一条带状的修剪绿篱逐渐转化为中空的矩形修剪绿篱，再在其中稀疏种植着多种草本花卉的混合种植形式，矩形绿篱与其中的花卉一起构成了花坛的镶边。此时的"border"中稀疏混植花卉的形式虽然与今天的花境景观有所不同，但已经初具花境雏形，因为其中种植的花卉种类相对较多，并呈条带状混合穿插种植，节奏韵律感较强。虽然"border"在功能上没有发生改变，还是作为花坛的镶边存在，但这种种植形式与现今的花境在景观上更靠近了一步。

2.4 乔治王朝时期自然风景林的发展与草本花境、岛状花境的兴起

乔治王朝时期（1714～1836年）由于资产阶段的兴起，开始反对专制主义并追求自由平等的政治愿望和理想。之前宣传神教和显示皇家贵族特权的园林形式逐渐消失，标志着封建集权政治的瓦解。反对理性的约束，自由抒发情感的自然式风景园林成了当时理想的园林形式。直线构图、笔直的林荫道、整形树和花坛被认为是过时的，已不能代表新的潮流了。随着社会的发展，科学成为继宗教和哲学之后，决定园林景观设计的主要因素。达尔文（Charles Darwin，1809~1882年）发表的《物种起源》一书，从根本上改变了人们对自然的认识，自然是神圣的，而且在艺术、诗歌、绘画中都需要体现自然。因此崇尚自然的风景园林在这一时期变得最为重要，风景园林师也备受推崇。正如蒲伯的经典语句所描述的那样，风景园林师是"全面考虑空间的天才"。

这一时期，乔、灌木的种植也与自然的风景园林相匹配，高矮依次排列的乔灌木分级种植逐渐取代了高度一致的修剪绿篱，这是植物配置中的基本转变。几乎所有的树林和花园中的植物配置都贯穿着一个中心思想，那就是植物要以高矮等级排列来布置，"就像是电影院中的座椅一

样”，逐级递增，最矮的放在前面，最高的放在后面（图2-5）。当时很多的风景园林师如托马斯·费尔柴尔德（Thomas Fairchild）、理查德·布拉德利（Richard Bradley）、贝蒂·兰利（Batty Langley）、菲利普·密勒（Philip Miller）都提倡这一种植理论。

图2-5 分级种植示例
（引自《The Flowering of the Landscape Garden》，Mark Laird, 1999）

热爱乡村成为一种时尚，拥有宏伟的地产而且视野中没有其他邻居的景观是人们展示成功的最终目标，园林景观中多呈现的是地形起伏的草原、蜿蜒的湖泊和茂密的森林。花卉几乎不出现在较大规模的自然风景林中，规则式的“bed”和“border”也在自然风景林中失去了生存的空间。花卉基本都被种植在有墙的花园或是小尺度的花园中，沿花园墙基布置，多以墙基基础镶边“border”的形式出现（Tony Lord，1994年）。这也说明了此时所指的“border”已逐渐脱离花坛，不再是花坛的镶边，而是作为花园墙体的基础镶边种植，成为一种独立的花卉应用形式，而这种墙基镶边之中都种植着花卉，称之为花境（flower border）。但这一时期最初的花境在种植风格上还保留着规则式种植的特点，植物种植的层次分级理论（graduation）不仅运用其中，而且每种花卉都有明确的定位，布置在矩形的方格网中（Mark Laird，1999年）（图2-6）。图中的上下两侧每

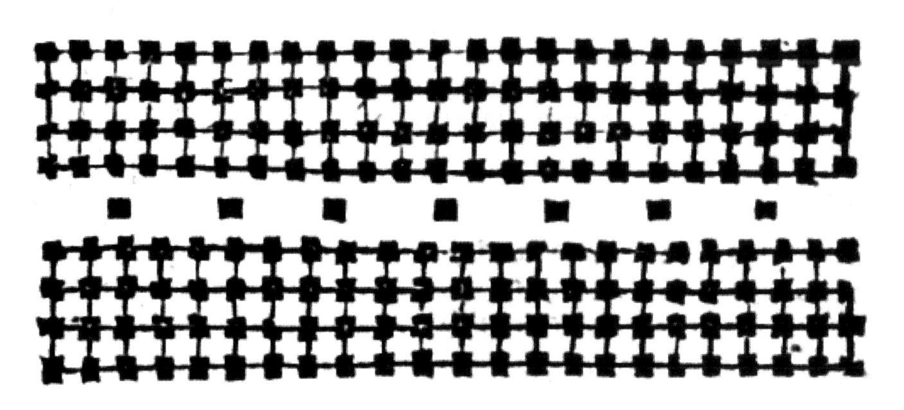

图2-6 早期呈网格状布置花卉的花境
（引自《The Flowering of the Landscape Garden》，Mark Laird, 1999）

隔10cm布置球根花卉，中央每隔40cm布置宿根及一年生花卉。位于英国苏塞克斯郡境内的古德伍德（Goodwood）公园东南墙基处的花境就是这种初级的规则式种植的典型代表，这个花境被认为是草本花境的先驱。花境长130m，宽0.9~1.2m。第一行花卉与边缘相隔10cm，第二行与第一行相隔23cm，第三行与第二行相隔30cm，最后一行与围墙相隔30cm。第一行由各种番红花属植物组成，第二行由不同种春天开花的小球根植物和其他植物如银莲花属、鸢尾属、毛莨属、耳状报春花等组成。第三行由22种不同种高度中等的春、夏季开花的花卉组成，它们在每6.4m处重复一次。因此这个花境中包含了21个中等高度花卉的重复和86个较低矮花卉的重复片断（Mark Laird，1999年）（图2-7）。从这个

图2-7 古德伍德的草本花境片断（引自《The Flowering of the Landscape Garden》，Mark Laird, 1999）

长花境可以看出，花境种植除了运用这一时期提倡的植物分级理论及传统的混植原理以外，韵律和节奏等原则也有所体现，这些都成为传统花境的重要特征。这个花境最先开始尝试跨越整个季节种植，获得连续的观赏效果，从而使得草本花境迈开了关键的一步——开始注重季相效果。传统的单一季节的种植展示被连续的从3月到9月的季相设计所代替。而设计师要想保持多个季节的连续花期，追求三季、四季都有花卉景观可赏，则无疑需要增加花卉种类的多样性。而无论如何，花境形式的确立对花境之后的发展都有着重要的意义。

大约在1730年左右，一幅描绘位于伯克郡（Berkshire）老温莎（Old Windsor）的一个花园的匿名绘画中的种植形式，被认为是圆形花卉种植床最早的图示代表（图2-8）。一些年以后，以撒·维尔（Isaac Ware）在A Complete Body of Architecture（1756年）中提出："草坪是花卉最好的陪衬"。而始建于1771年，由诗人威廉·马松（William Mason）为哈克特伯爵（Earl of Harcourt）建造的位于牛津郡

图2-8 圆形种植床中逐渐升级的花卉布置
（引自《The Flowering of the Landscape Garden》，Mark Laird, 1999）

（Oxfordshire）的纳尼汉姆花园（Nuneham Garden），则是一个重要的突破。它不仅再一次大规模的运用花卉，而且花卉景观还成为这个花园设计的主要特征，设计将花卉种植在各自分开的外形不规则的种植床中，形成花园中的狭长景色。这是第一次将大量不同的草本植物，以独立种植床的形式在地面上形成似一束束花束的效果（图2-9）。最初在这种圆形种植床中多种植灌木，后来逐渐发展到混合种植灌木、一二年生花卉、宿根花卉等，在这种类似圆形的不规则种植床上可以清晰地看到分级和混植等种植原理在其中的体现。这种形式则被认为是现今岛状花境（island border）的前身。

图2-9 布置于纳尼汉姆花园中的岛状花卉种植床
（引自《The Flowering of the Landscape Garden》，Mark Laird, 1999）

这一时期，除了经常见到的有关自然风景林的著作以外，还有一些作者也为小尺度的花园设计而写作。园艺师贝蒂·兰利的《造园新法则》（the New Principles of Gardening）就是为小型的花园设计而撰写的，他主张的花园设计仍倾向于几何形，但他建议花卉可以在其中成丛、成簇状种植，这样看起来会更为自然。威廉·科贝特（William Cobbett）在《英国园艺师》（the English Gardener）中，花了大量篇幅阐述花卉栽培，这些花卉中也包含了曾经流行的商品花卉，如

银莲花属、毛茛属、石竹属、耳状报春花、风信子、郁金香等。同一时期的其他作者还将色彩设计运用到了由多种花卉混合组成的花境设计上。这表明大约到1770年，花境已或多或少的发展了。

新的植物继续从国外引进。如来自墨西哥的大丽花属（*Dahlia*）、百日草属（*Zinnia*）、秋英属（*Cosmos*）植物，还有从南非引进的文殊兰。商品花卉仍然很多，19世纪早期是应用石竹的黄金时期，苗圃工作者的清单上显示已培育出将近192个品种。1815年和1820年间，英国的花商用种子繁殖许多新的毛茛属植物品种。所有的曾经受喜爱的花卉都在村舍花园中有所运用。

乔治王朝时期的英国花园受自然哲学的影响，自然风景林兴起，人们崇尚地形起伏的草原、蜿蜒的湖泊和森林景观。规则式花坛以及花卉应用在大型自然风景林中消失了，而花卉更多的种植在了有墙的花园或是小花园中，沿墙基镶边（border）的形式种植，称之为花境。但早期的花境仍然保持了规则式布置，1735年在古德伍德公园的东南墙基处布置的规则式花境被认为是草本花境的先驱。1771年在纳尼汉姆花园中多个岛状花卉种植床的出现也是花卉应用形式的重要突破，被看成是岛状花境的前身。花境在这一时期得以突破性发展，植物种植分级理论、韵律、节奏、自然、混合种植、追求季相变化等都在花境应用设计中得以体现。虽然在形式和植物应用上没有现今的花境丰富，但现今花境的一些种植思路都源于这一时期的花境尝试。

2.5 维多利亚时期混合花境的产生

维多利亚女王时代（1837~1901年）的英国在世界范围内扩张，是最强盛的所谓“日不落帝国”时期，是英国工业革命的顶点时期，也是大英帝国经济文化的全盛时期。工业革命和经济的发展使得园林景观有了巨大的变化，尽管维多利亚时期的人们仍然将规则和秩序作为生活的本质，但由于受汉弗莱·雷普顿（Humphrey Repton）等设计师的影响，不再像上世纪那样，将花园封闭在风景林中某一个有墙的小空间里了，而是提倡将花园重新设置在建筑旁，将花园作为规则式的建筑与自然式的风景林之间的过渡。花园风格空前繁荣，一些专业术语如结构式的、法式的、意大利式的、乡村式的和几何式的都用来描述当时的花园设计和种植形式。这时有足够的廉价劳动力以及机械化的大型花园作业，可以维持花园的宏伟规模和最高品质。假山比以前更大，草坪比以前更好，植物比以前更富异国情调，花坛比以前变得更具色彩和复杂。有些记载认为这一时期的花园又回到了植物的规则式排列以及色彩图案的数学式布置是过于笼统的。事实上，花园在这个时期经历了许多阶段，只不过记载最多、给人印象最深的是这种季节性的规则式花坛布置而已。

1845年，英国开始免交玻璃税，使得暖房和温室的建造达到高潮。园艺师约瑟夫・帕克斯顿（Joseph Paxton）在德文郡公爵（Devonshire）的查茨沃斯（Chatsworth）庄园中，建造了这一时期最大的暖房或温室之一，它占地数亩，高20m。另一个巨大的温室是由德斯姆斯・布顿（Decimus Burton）和理查德・透纳（Richard Turner）设计，于1844年至1848年间建于丘园（Kew Gardens）中的曲形建筑。温室的发展促使了这一时期广泛流行温室植物的种植以及一二年生花坛植物的运用，而且还出现了有关花坛色彩设计方面的书籍。《花卉世界和花园指南》（Floral World and Garden Guide）（Shirley Hibberd，1865年）一书中提到："如果你现在就看看周围的花园，你将会看到天竺葵属植物和蒲包花属植物并置……结果是色彩太显眼以致视觉疲劳。"并建议人们种植时应使用对比色如红和绿、蓝和黄、深蓝和橘黄、淡黄色和紫色，以增加花坛的色彩。但总体说来，这种大规模的耀眼浮华的规则式花坛使得景观千篇一律，而且灿烂辉煌的花期过后，留下了大片空地。所以尽管花坛及花坛植物的应用在当时非常流行，但在后期却遭到一些园艺学家的反对。园艺师雪莉・希博德（Shirley Hibberd）是第一个反对这种地毯式的花坛种植以及过多运用花坛植物的人物之一。约在1864年，他指出在植床中大量种植花坛花卉消耗了园艺师太多的时间和财力，如果园主不种植花坛花卉，那么"芬芳的白百合、月季、雏菊、西洋樱草等植物组丛和其他有趣的主题"又可以重新回到被忽视的花境中。园艺师威廉・鲁滨逊（William Robinson）也反对种植大量的花坛花卉，在《耐寒花卉》（Hardy Flowers）（1871年）和《英国花园》（the English Flower Garden）（1883年）等书中，他都指出花坛植物需要太多的养护工作，认为耐寒、耐旱的宿根花卉及本土野生花卉更为自然和经济实用。这就形成了规则式造园和不规则式造园、花坛植物应用和耐寒宿根花卉应用流派之间的争论。

折衷往往是解决争论的最好方法。所以需要一种介于规则式与不

规则式之间，包含多种类型植物的种植方式，混合花境也许正是解决这一问题的折衷种植方式。另外，在经历了大量的花坛及花坛植物组成的景观以后，他们也正在为私家花园寻找另一种较少规则的造园手法和更为自然种植形式。而此时的一些小型花园及村舍花园已经大多种植传统花卉了，如石竹、蜀葵、月季等，不需要太多的养护管理，更不需太多的规则形式；另一方面，这一时期收集到的大量耐寒耐旱的植物种类，并不都适宜在规则的种植床中成行成列的规则式种植。而将这些收集到的植物种植在杂乱的荒野中，任其自生自灭，似乎也有不妥。所以混合花境就是在这种特定的需求下产生的。在其中既可以种植传统的宿根花卉，也可以布置一二年生花卉，更重要的是为当时新引进的耐寒花卉和灌木提供了种植空间。因此，混合花境的产生是花境发展历程中的又一个重要创新和突破。

1850年左右，位于哈雷庄园（Arley Hall）中的两个对应式混合花境是这一时期花境的杰出代表。其规模宏大，纵向上可以容纳6个植物团块。植物种类应用丰富，多以红黄色为主，具有持续的观赏性。这个花境不仅在尺度上给人印象深刻，而且一边以墙为背景，一边以修剪整齐的紫杉为背景，为花卉提供了最好的结构（图2-10）。英国园艺

图2-10 哈雷庄园中的对应式混合花境
（引自《Best Borders》，Tony Lord, 1994）

师格特鲁德·杰基尔（Gertrude Jekyll）在《英国花园》（Some English Gardens）（1904年）中阐述了哈雷庄园的本质特征："一种联系规则与自然的优良纽带。纵观英国，很难找到另外一个与哈雷庄园中的花境

一样有如此精美的花卉搭配和精心的设计……在这儿，我们可以看到过去的意大利式造园风格，但它的结构决不是一味的模仿而是有利的借鉴。很容易看出……规则和自然有机的结合在一起；规则主要体现在背景处绿篱的装饰效果上，自然则主要体现在前景处的宏伟花境上。”

这一时期还组成了一些园艺协会，并积极开展学术展会及学术交流。经济的富足、人们的富裕加上出版物便宜，人们能得到更多的花园设计信息，所以这一时期的造园活动广为流行。而且日益便捷的旅行方式也使得学者和园艺爱好者不断地引入丰富的植物种类。所以不管是富人还是普通的老百姓，都会在花园中种植花卉。相对早期的在温室中培育的花坛植物主要是天竺葵属（*Pelargonium*）、蒲包花属（*Calceolaria*）、矮牵牛属（*Petunia*）、紫罗兰等。而这时受喜爱的商品花卉主要有石竹、菊花（*Dendranthema morifolium*）、大丽花等。杜鹃花属（*Rhododendron*）、山茶属（*Camellia*）和蔷薇属植物都常见种植。百合多在靠北墙的地方成片种植或在荫凉的花境中种植。花境中的植物更为丰富多样，主要由大量的宿根花卉组成。

维多利亚时期的英国花园由于受汉弗莱·雷普顿等知名设计师的影响，又重新回到了建筑旁，作为连接建筑与风景林的良好过渡。最初由于温室的大量建造，花园中多种植一二年生的花坛植物为主。但大面积千篇一律的花坛景观以及花期过后的落败景象，耗费了大量的人力财力，遭到一些园艺师的反对。另一方面，新引进的耐寒的宿根花卉确实不适宜在花坛中应用。为解决规则式与自然式造园的纷争并为耐寒的宿根花卉和灌木提供空间，则产生了混合花境，灌木、新引进的宿根花卉、一二年生花卉等多种类型的植物都能应用于混合花境中。混合花境的产生是花境发展历程的又一突破，为现今的花境提供了良好的发展基础和设计借鉴。

2.6 20世纪以后英国花境的兴盛及其国际化发展

20世纪初期，由于受工艺美术运动的影响，英国在城市规划、建筑设计、园林景观方面都更强调艺术与功能的结合，园林功能更多地为公众服务。公共绿地以及为居民休闲服务的公园都是这个时期发展的产物，属于贵族和皇家的古典园林也纷纷对公众开放。而花园设计艺术也

比以前更加融入人们的生活，以前只有几百亩的土地才值得职业的花园设计师设计，而现在设计师也为广泛大众设计小尺度和中尺度的花园。草本花境、混合花境是这一时期花园的主要特征。1939年爆发了第二次世界大战，战后很多花园处于荒芜状态，花园的建造规模和资金投入都大大缩减。花境的风格也有了很大的改变，建造养护成本低的花境，以最小的投入获得最大的效果是所有园艺师寻求的完美境界。所以，二战后初期的草本花境、混合花境又逐渐被灌木花境所取代。随着战后经济的慢慢复苏，草本花境、混合花境又重新回到了英国花园。花境在这一时期作为英国花园的主要特征得以保留，只是经历了一些阶段性的变化。

20世纪初期的英国花园摒弃了维多利亚时期曾流行的花坛种植，主张更自然的配置花灌木、多年生花卉和野生花卉。更多地从艺术视角，而不是从科学或数学的角度去配置园林植物。在这一思想的影响下，出现了一些重要的园艺大师，他们在花园设计、花境设计及植物应用上极具影响力，如威廉·鲁滨逊、格特鲁德·杰基尔等，他们不同的设计风格为花境的发展起到了重要的促进作用。

鲁滨逊（1838~1935年），出生于北爱尔兰，于1861年来到英国，主要在摄政公园（Regent Park）中从事园艺工作，负责公园中的草本植物种植，专攻英国的野生花卉。1866年，他离开了摄政公园转而从事职业的花园写作，创办了杂志《花园》（The Garden），后来改名为《插图园艺》（Gardening Illustrated）。出版所得的经费，部分用于购买房产，于1884年购买了一幢位于苏塞克斯郡（Sussex）的格拉弗泰庄园（Gravetye Manor House）。他是当时许多拥有乡村住宅的中产阶级之一。霍瑞斯·汤森（Horace Townsend）在1895年的一篇文章中这样解释，现代商人感觉压力很大，需要“在乡村拥有住宅……能让自己从社会或是商务中得到放松。”这种回归土地的现象是一种自觉的、典型的社会现象。鲁滨逊也认为拥有自己的花园可以将他的花园理论更好地付诸实践。真正使鲁滨逊更著名的是他在《野生花园》（The Wild Garden）（1870年）中提出的完全新颖的野生花园理论，建议将植物成组配置，并认为野生花园既容易建成又更自然优美。他否定维多利亚时期大规模几何式的花坛风格，始终强调植物本身的重要性是凌驾于设计之上的。认为野生花园直接传承于自然，这是鲁滨逊和所有欣赏这种植物配置的园艺者们设计的唯一来源。鲁滨逊担心日益加速的城市化进程使得英格兰降低对自然和乡村的依赖，所以他指出“自然式”的野生花园可以建造在“私有或公共场所”，“它在任何地方都能最大地满足人们的精神愉悦”。

杰基尔（1843~1932年）生于伦敦，幼年在色雷度过。1861年，17岁的杰基尔返回伦敦进入南肯星顿艺术学校（the Kensington School of Art）学习艺术与设计，她喜爱装饰、色彩理论与艺术史。并在国家美术馆临摹浪漫主义绘画的代表人物特纳的作品，仔细地勾画和研究其中自然景象的细节。早期的艺术教育赋予她对色彩理论与色彩效果的深刻理解，尤其是特纳的色彩运用对杰基尔的造园风格产生了持久的影响。30多岁时，杰基尔视力衰退，则开始从事花园设计工作。她将色彩的艺术感觉运用到花境设计当中，灵活运用多种色彩：温和的蓝色、粉红色、紫红色、紫色和白色及奶油色都是常用的色彩，她还喜欢运用具灰色叶子的植物作为其他色彩植物的衬托。杰基尔也许是第一个提倡在花境设计中注重色彩的园艺师，不仅如此，她还提倡运用叶色和叶形，以“飘带形”（drift）与主视面略呈45°角布置花卉，植物团块相互交叠，用这种方式彰显优良的植物景观而隐藏不良的景观，而且流动感极强（图2-11）。她在萨里购买了一块6hm²的土地，这就是后来的曼斯特德伍德（Munstead Wood）花园。在这儿设计了一个长花境，这个花境专门运用草本植物，花期从7月到10月（图2-12）。而花园的其他部分在

图2-11 杰基尔式的飘带形的种植团块
（引自《The Gardens of Gertrude Jekyll》, Richard Bisgrove, 1992)

图2-12 曼斯特德伍德花园中的花境景观
（引自《Classic Garden Plans》, David Stuart, 2004)

春天、5月和6月等都有很好的展示。同时，她还精心配置了植物的色彩序列。杰基尔可能是第一个提倡将花境建立在有限色彩范围内的人，运用花卉的单一色彩、两种对比色如蓝色和黄色或是沿着花境的长轴逐渐改变花卉色彩。《经典的花园设计》（Classic Garden Design）（Rosemary Verey，1989年）中一段话阐述了她运用植物色彩的本质："在花境的两端要有灰色和浅蓝绿色的叶子的背景……与此同时，运用蓝紫色的、蓝灰色的、白色的、浅黄色的和浅粉色的花……色彩从较强的黄色到橘色再到红色……然后再退回到深黄色再到浅黄色、白色和浅粉色，再是蓝灰色的叶子。最后又是紫色和丁香色。于是沿着花境走，色彩的变换感很强，而每个部分又都能独自成为一幅画面。……这些淡红色、猩红色、深紫红色，之后再到黄色的和谐混合。根据互补色原理，有着强烈的欲望想看到灰色和蓝色。"

杰基尔一生中设计过很多花园，但被认为最优秀的花园设计是那些与建筑师埃德温·路特恩斯（Edwin Lutyens）合作的。在建造曼斯特德伍德花园时，为寻找一位合作的建筑设计师，她结识了埃德温·路特恩斯，从此便开始了持久的合作伙伴关系。在1890~1914年期间，他们共同设计建造了100多个花园，有力地推动了英国花园及花境的发展。而他们进行花园设计的最大特点就是规则式的花园布局、自然式的花境种植。《爱德华时期的花园》（The Edwardian Garden）（David Ottewill，1989年）一书中提到："路特恩斯和杰基尔的花园呈现了规则式布局与自然式种植的完美统一。对于路特恩斯年轻的建筑形式和几何创作上的天赋，杰基尔赋予了成熟的诠释和对本土以及过去流行植物的热情，两者一起产生了迷人的设计——原创的思想、完美的尺度以及优美的色彩和植物配置。"杰基尔凭借艺术家的眼光和对植物栽培的深刻了解，创造了用浪漫主义绘画方式进行植物配置的方法，有力地推动了花境的发展。

虽然杰基尔对花境的发展贡献很大，但杰基尔式的花境却不能代表英国花境的全部风格。辩证的来看，她的风格也有局限性：她运用的是有限范围内的植物，不能满足园艺师喜欢尝试多样化植物种植的需求；她设计的花境景观经常只能持续观赏几个星期，这对于大型花园中有许多空间可在不同的地点展示不同开花季节的景观时适用，但对于只有一个花境必须要在大半年的时间内都有观赏效果来说不太适用；她设计的花境经常需要较多的劳力养护，这往往超过了多数家庭园艺者所能承担的人力和财力（Tony Lord，1994年）。

此时花境不仅存在于花园中，而且还有多位画家开始以花境为题材作画，成为优秀的绘画作品保存下来，使花境艺术得以升华（图2-13，图2-14）。

1939年爆发了第二次世界大战。由于战后拮据的经济条件，职业的园艺师变得缺乏而且更昂贵了，低养护的花园风格占主导地位。花境风格也有了较大的改变，具体表现在花境的植物种类选择和设计手法两方面。在植物材料方面，花境中较少运用维护成本较高的草本植物，所以宿根花卉以及一年生花卉都减少应用，而开始重视不需要太多养护管理的灌木在花境中的应用。在设计方法上，不再遵循杰基尔式精心的结构布局和植物配置以获得微妙的节奏和色彩的变化，而是大手笔的蜿蜒曲线团块逐渐取代了精巧的花卉组团。玛格·菲什（Margery Fish）等园艺师倡导更为松散的种植方式，允许植物自我繁衍、四处扩展，采用更为粗放的管理方式。苗圃工作者阿兰·布鲁姆（Alan Bloom）推崇岛状花境（island border），并在自己位于诺福克（Norfolk）的布莱星翰花园（Bressingham Hall）中建造，作为传统花境的另一种选择。这种方式与18世纪出现的那种较大的组团中种植大量植物的岛状花坛不完全一样。它们的面积会较小，空气和光线都可以进入

图2-13　沃利·恩德花园中的花境（引自《Period Flowers》，Jane Newdick, 1991）

图2-14　爱德华时期的花园和妇女（引自《Period Flowers》，Jane Newdick, 1991）

每个植物组团，促进植物健康生长而减少支撑的需要。

二战以后，随着社会、经济的逐渐稳定和复苏，草本花境、混合花境又重新回归英国花园。位于牛津郡的汉普顿王宫中的对应式花境，反映了蒙斯特（Munster）伯爵夫人对于花境的理解。花境设置在草坪中间，以间植爱尔兰紫杉的绿篱为背景。虽然花境中的花卉总是人们最喜爱的，但花境本身的结构布局也营造出分外优美的景观效果。花境中选用的植物主要有翠雀属（*Delphinium*）、唐松草属（*Thalictrum*）、风铃草属（*Campanula*）、月季等（图2-15）。位于沃里克郡（Warwickshire）的阿伯顿宅邸（Upton House）中的对应式花境，被一条草坪道路分隔，沿倾斜的下坡逐渐延伸到阿伯顿宅邸的湖面，并与菜园相邻。花境的最佳观赏期在7月，其最大的特点是倾斜地形的种植床与色彩艳丽的花卉，其中种植的花卉主要有橘红色的罂粟属植物与蓝色的风铃草、花葱、飞燕草、婆婆纳、鸢尾等（图2-16）。位于牛津郡的韦斯特韦尔庄园（Westwell Manor）中的一个对应式花境，是安西娅·吉布森（Anthea Gibson）女士设计的。她运用了花卉的花朵与叶子的混合效果，选用了乌头属（*Aconitum*）、石竹属、独尾草属（*Eremurus*）、羽扇豆属（*Lupinus*）、博落回属（*Macleaya*）、天竺葵、百合等植物，营造出一幅灰色与蓝色

图2-15 汉普顿王宫中的对应式花境（引自《Visions of Paradise》, Schinz, Marina, 1985）

图2-16 阿伯顿宅邸花园中的对应式花境（引自《Visions of Paradise》, Schinz, Marina, 1985）

混合的色彩画面，再加上其中种植了较高的观赏草，使得整个花境呈现出轻快的美感（图2–17）。位于牛津郡的普森宅邸（Pusey House）

图2–17　位于韦斯特韦尔庄园的对应式花境
（引自《Visions of Paradise》, Schinz, Marina, 1985）

中的花境在景观和尺度上都非常卓越，花境以3m高的石墙为背景。迈克尔·霍恩比（Michael Hornby）夫妇认真地设计了花境的色彩，继承了杰基尔的色彩渐变与融合转换方式。在这个花境中种植了75个花卉品种，包括紫菀属（*Aster*）、毛地黄属（*Digitalis*）、鼠尾草属（*Salvia*）、金鱼草属（*Antirrhinum*）、翠雀属、芍药属、福禄考、大丽花、月季、东方罂粟等植物（图2–18）。

图2–18　位于牛津郡普森宅邸的花境
（引自《Visions of Paradise》, Schinz, Marina, 1985）

1960年以后，花境在种植方面又有了一些清晰的趋势。许多园艺师在设计中充分使用了较稳重的柔和色。园艺师德斯蒙德·安德伍德（Desmond Underwood）提倡在花境中运用银色叶子的植物作为陪衬从而提亮整个花境的色彩，而不只是运用粉色、蓝色和紫红色。到1980年，配置更为活跃的色彩如红色、橘色和黄色又重新为人们所喜爱。这段时间人们支持更为大胆的色彩设计，从而运用两个或更多的对比色，如紫色和橙红色、深红色和淡黄绿色、蓝色和黄色，比单一色彩或是纯色的杰基尔式花境更为流行（Tony Lord，1994年）。

花境在英国花园的普及特别是在普通家庭园艺中的普及，创造了形式不同、色彩各异的花境。英国风景园林师金斯伯瑞（Noel Kingsbury，1957）于1994年设计的考利（Cowley）住宅花园是应用自然植物的尝试。他在评述这个花园的设计时说："花园的植物景观特点徘徊在传统的花境和野花草地（wild flower meadow）之间。"与传统装饰性花境不同的是这种种植形式允许游人进入，可身临其境地感受植物景观的色彩和光影变化。他探索了植物景观与生态结合的可能性以及绿地养护管理的经济性。所以说现代的花境艺术已经不是一个人或几个人能够主宰了。曾经最有影响力的设计师如格特鲁德·杰基尔、威廉·鲁滨逊、格拉汉·姆斯图尔特·托马斯（Graham Stuart Thomas）、安特·毛德（Aunt Maud）等也可能只占据我们的部分灵感。

花境依然是现代英国花园的支柱。正如园艺师罗素·佩奇（Russell Page）所说，当其他国家的花园主人要求"一个英式的花园"，事实上，他们真正想要的是"与房屋相连的混合花境"。花境也因此得到了广泛的国际认可。随着出版物的增多、旅游业的发展以及园艺界的国际交流增多，花境这种花卉应用形式纷纷传向国外。目前，加拿大、美国、澳大利亚、德国、法国、中国等国家的园林中都可以见到花境景观。

综上所述，花境在英国历经几个世纪的发展，如今被广泛应用于私家花园、公园及城市绿地中，成为英国花园的最大特征。究其发展根源，有其决定性因素。

（1）社会经济的发展驱动。花境的发展历程从一定程度反映了英国社会、经济的发展历程。花境是在英国社会繁荣、经济稳定的情况下发展起来的。都铎王朝、乔治王朝、维多利亚女王时代都是英国历史上辉煌的时代。经济实力雄厚，才有能力发展花园，重视花卉的园林应用，花境才从中得以产生和发展。

（2）独特的气候条件与从未间断的引种工作。英国气候温和，夏无酷暑，冬无严寒。这种气候条件非常适合于各种花卉生长。虽然原产于英国本土的开花植物只有1300种，但由于其气候的独特性使这里生长的植物比欧洲任何国家都多。而且英国的引种工作从中世纪后期开始一直没有间断过，所以在英国的园林中生长了至少120000个植物种及其栽培品种，丰富的花卉种类是花境发展的基础。

（3）设计师的引领和论著的影响。在花境发展的各个阶段，都有花境设计师的倾力之作，不论是论著还是实践作品，对花境的发展都起着重要的推动作用。设计师们既继承传统，又各自有所创新。而且优秀设计师的理论都是建立在大量的实践基础之上。而这些现实中的花境作品，深深地影响着其他设计师以及花园爱好者，推动着花境的发展。

（4）花园流派的影响。纵观花境的发展历程也是英国园林流派思潮的发展历程。长期以来，花园流派中规则式与非规则式思想的碰撞以及交替轮回，为花境这种可以在规则式布局中出现的自然式种植提供了条件，它是典型的折衷解决问题的方式，所以，英国花园中花境这种自然的种植形式多出现在规则式的花园布局之中，并且成为英国花园的经典之作。

（5）花园的平民化精神。平民精神是英国现代园林最突出的特点。如果说花园曾经是贵族的代名词，那么如今的花园越来越融入平民的生活，很多普通家庭拥有了私家庭园，而花境就是其中最常见的景观。加上英国人对花园、花境的热爱，他们热情地参与各地举办的大大小小的花园展览，然后将新的花园理念和方法不断地应用于自家的花园。他们把建设和维护花园、花境当成业余生活的一部分。所以这种难得的平民化的花园精神，全民参与花园建设的社会风气是花境得以持续发展的动力。

从花境的发展历程来看，花境是在社会稳定、经济发展时期形成的，而我国目前正处在园林发展的较好时期；花境是英国工艺美术时期崇尚自然的背景下兴盛的，与我国崇尚自然式造园理念最为贴切；而且，我们现在已开始关注和重视花境的应用，引种工作也不断进行，设计师也积极尝试花境设计，这些都为我国花境应用奠定基础。但要真正体现花境的经济和生态价值，需要在花境设计实践以及植物材料本土化上做更多的工作。

花境设计

第三章
花境设计方法

花境在英国的发展有着悠久的历史，出现了很多经典的案例，但在其发展过程中，主要是作为一种艺术形式加以实践，更多的是设计师个人的艺术理解和经验性的花境实践总结，而通常各个设计师的侧重有所不同，多从某一个角度阐述花境设计。一些设计师按照设计步骤或不同的环境场合介绍自己如何进行某个花境的设计，其中侧重对植物种类选择及植物搭配的阐述；一些设计师介绍花境的不同风格以及怎样设计或选材才能形成这种风格。总体来看，关于花境设计方法的介绍系统性不强。而目前，我国对于花境的设计多沿用花坛设计的方法或是对国外花境景观的简单临摹，先进行平面团块图案的设计，然后将不同色彩、季相的植物布置于平面团块中，但这种方法营造的花境景观带有明显的植物堆砌的痕迹，景观效果不够理想。所以本章主要总结和归纳花境设计方法，阐述花境设计方法中的重点问题，而对一般性的艺术理论及原则不再赘述。

3.1 花境的选址

花境适用于多种场合，但从很多经典的花境来看，花境多用于规整的修剪整齐的深色绿篱前面，以绿篱作为花境规则的骨架及背景，形成规则式布局、自然式种植的整体构架。所以说，经典的花境景观一定需要背景的衬托，后面整齐的背景为前面斑块状参差不齐的植物团块提供整齐的幕布，在统一中体现多样。另外，花境还适用于道路边、树丛前、墙基的基础、草坪边缘或中央、私家庭院等场合，在各个不同的环境场合应用花境，其特点及植物选择等方面会有所不同。

3.1.1 花境在城市道路边的应用——节奏、色彩、低养护

城市道路中功能性强，车流、人流量大，车、人停留驻足的可能性较小，所以应弱化植物个体，强调花境景观的整体感、面积感、色彩感，植物团块面积相对较大。而且由于其特殊位置及性质，花境的养护管理会相对简单粗放，应以抗性强、耐干旱瘠薄的灌木及观赏期长的花卉为主。具有节奏感、色彩感并且低养护的花境是城市道路边适用的花境类型。

在城市机动车道边绿地中的花境，由于车速较快，花境植物团块不应太过细碎，花境中的主要团块至少应在$10m^2$以上，强调整体感。

另外，可在主团块周围或中间穿插布置一些开花灌木、彩叶灌木等稍小的团块以及置石、小品等以增加景观的生动和丰富感，并可在约50m及100m处作一隔段，强调节奏感（图3–1）。推荐骨架植物：黄杨、凤尾兰、醉鱼草、观赏草等；主体植物：八宝景天、鼠尾草、萱草、荆芥、金鸡菊、波斯菊、紫松果菊、宿根天人菊等；搭配植物：矮牵牛、凤仙花、鸭跖草等。

图3–1 花境在城市道路边的应用

在城市道路中央隔离带绿地中的花境，首先应满足其功能要求，隔离会车时的灯光及噪音影响。所以花境中心植物应选择较高且植株浓密的木本植物，再在两侧配置花卉增加色彩感。整体上适宜布置以灌木为主的混合花境。推荐骨架植物：桧柏、黄杨、醉鱼草、红瑞木、金叶莸、美人蕉、观赏草等；主体植物：八宝景天、鼠尾草、大花金鸡菊、黑心菊、矮牵牛、金叶番薯等。

3.1.2 花境在公园中的应用——多样化、精细化

花境在公园中可以应用于多种环境，基本有两种类型，一种是布置在林缘、路缘、建筑物基础处的装饰性配景；另一种是以花境为主体。每种环境的花境景观会有不同的特色，所以呈现的花境景观更为多样和丰富。而且公园中有相对较多的人力、财力投入到花境的养护管理上，有专职的人员除草、浇水、设立支撑、修剪、更换花苗等，所以可选择的植物材料更为宽泛，表现的花境景观更为精细。从设计、养护多方面体现园艺水平。所以提出多样化、精细化的景观是公园花境的整体风貌特点。

在公园的林缘，以原有的乔灌木为背景，草坪为前景，沿林缘布置自然的花境景观，选择植物高度适中，作为背景乔灌木与前景草坪的良好过渡。其中宜多种植质感轻盈、野趣感强的花卉种类，色彩不宜过

于艳丽，与自然的林缘背景相结合，形成山野浪漫、层次丰富的花境景观（图3-2）。推荐背景植物：狼尾草、芒、蜀葵、千屈菜、黑心菊、毛地黄等；主体植物：紫松果菊、宿根天人菊、钓钟柳、婆婆纳、鼠尾草、紫菀、荆芥、景天、石竹、白晶菊等。

图3-2 花境在林缘的应用

图3-3 公园道路边的花境

在公园道路边，花境主要供人随时驻足欣赏，所以花境植物团块可相对较小，植物种类多样、层次丰富。可在道路一侧布置单面观花境，也可在道路两侧布置对应式花境。如果花境沿路布置较长，还应有间断性的景观变化。而且前缘的花卉不应侵占路面，影响道路功能。所以前缘花卉不宜选择易倒伏的、蔓延性较强的花卉，或者可用金叶过路黄、美女樱等镶边植物以及砖、木材加以围挡（图 3-3。）

在建筑物旁的花境，主要起烘托建筑以及美化建筑基础的作用，软化建筑的硬线条。花境体量与团块体量都应较小，团块为1~3m^{2}即可。适宜应用以宿根花卉为主，搭配少量花灌木的混合花境（图

3-4）。推荐骨架植物：棣棠、凤尾兰、金叶接骨木；主体植物：羽扇豆、大滨菊、蛇鞭菊、大花金鸡菊、美国薄荷、紫松果菊、宿根天人菊、耧斗菜、萱草、婆婆纳、鼠尾草、紫菀等。

图3-4 建筑墙基处的花境

以花境为主景，一般会布置在大型的草坪上或是公园中用于节日庆典、举办花展的主要场地。布置于草坪上的花境，可以岛状花境为主，在丰富景观的同时，也起到分隔空间的作用。岛状花境的面积可大小不同，根据空间及视线的转变加以布置，使得空间变化丰富，增加趣味性。而且可以某一种专类岛状花境出现，比如在大型草坪上布置观赏草花境，也可运用不同色彩主题的岛状花境。

节日庆典以及花展时，现阶段可能运用最多的还是花坛、花带和花卉立体装饰，但也会结合花境。这类场地中布置花境也一般以暖色调为主，并且为了快速形成观赏效果，在节日或一至两三个月的花展时表现花卉最灿烂的景观，对花卉的时令性要求较高，所以一般多以一二年生花卉为主，适当配以花灌木、彩叶灌木及宿根花卉，形成以一二年生花卉为主的混合花境（图3-5）。推荐骨架植物：棣棠、迎春、紫叶小檗、金叶接骨木、金叶莸、狼尾草、玉带草等；主体植物：醉蝶花、波斯菊、千日红、矢车菊、矮牵牛、白晶菊、黄晶菊、美女樱、石竹、凤仙花、金叶番薯、鸡冠花等；搭配植物：耧斗菜、大滨菊、大花金鸡菊、鼠尾草等。

图3-5 较大型花展的花境景观

3.1.3 花境在私家庭院的应用——个性化

目前随着人们生活水平的提高，人们对居住环境的要求也越来越高。一些别墅区及高档社区已经开始应用花境。但每个家庭的实际情况不一样，喜好和审美也存在着较大差异。所以个性化的花境景观应是私家庭院中花境的最大特点，任何一种花境、任何可以买到的植物种类，只要业主喜好，都可以应用于庭院中。但作为设计师，应挖掘家庭的内在需求，为不同类型的家庭设计更为适合的庭院花境景观。比如有小孩的家庭，花境中可选择一些能吸引蝴蝶的植物如向日葵、波斯菊等，还可以布置花架或设置一些可爱的动物及昆虫造型的园林小品，增加花境的趣叶性。

3.2 花境主题设计

在花境设计时，设计师往往会先确定花境的风格以及主题等，有针对性地营造花境景观，更具花境的个性与特色。在此主要介绍两种常见的花境主题。

3.2.1 色彩主题花境

色彩是花境设计中最常见的主题之一。色彩主题的花境主要有以下几种：第一种是单色花境，有一些著名的花境设计只使用单一的色彩，如著名的位于英国肯特郡的辛西赫斯特城堡花园（Sissinghurst Castle Garden）中的白色花境和紫色花境。第二种是双色花境，常见的搭配主要包括白色和黄色或黄色和蓝色，也可以使用一种色彩作为主色，而另一色彩作为陪衬。第三种是色彩渐变的花境，依据色彩的渐变规律来安排色彩，形成逐渐过渡的变换色彩。第四种是混色花境，这类花境中的色彩丰富，或以暖色为主配以冷色，或以冷色为主配以暖色，或是多色的无明显规律的自然混合。

3.2.2 生态主题花境

生态、节约是植物景观设计中永恒的主题，在花境设计中也不例外。随着节约型园林理念的深入，出现了节水抗旱花境、低养护花境等设计主题。这类花境中主要种植节水抗旱的低养护的灌木、观赏草、宿根花卉等植物种类，并辅以覆盖等技术措施达到节水的目的。

3.3 种植床尺度设计

在某个园林空间中，将花境的种植床设计成多长多宽合适也是一个值得探索的问题。一般来说，种植床的尺度要以其所在空间大小以及花境类型的不同，加以具体分析而定。但这其中也有一些原则以及经验性的数据可以参照。

3.3.1 三分之一原则

如果将花境设置在道路（草坪）旁边用以镶边，花境宽度则可以为道路（草坪）宽度的三分之一。假设有一条9m宽的道路（草坪），花境作为镶边，花境的宽度则为3m。如果将花境布置在道路（草坪）一侧，则为3m宽，如果将花境布置在道路（草坪）两侧，每个花境则为1.5m宽（Jeff and Marilyn Cox，1985年）（图3–6）。但如果道路太宽

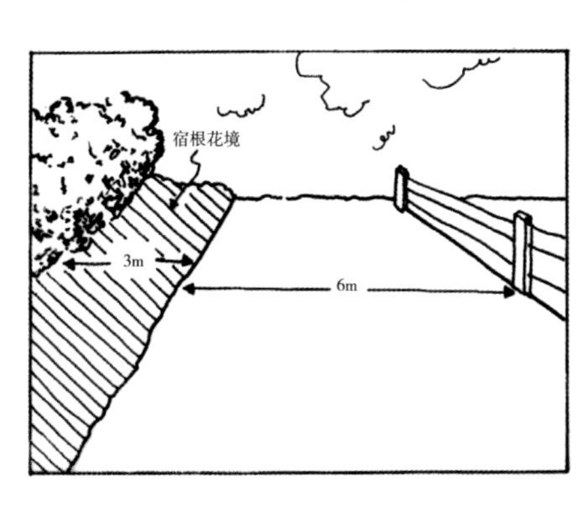

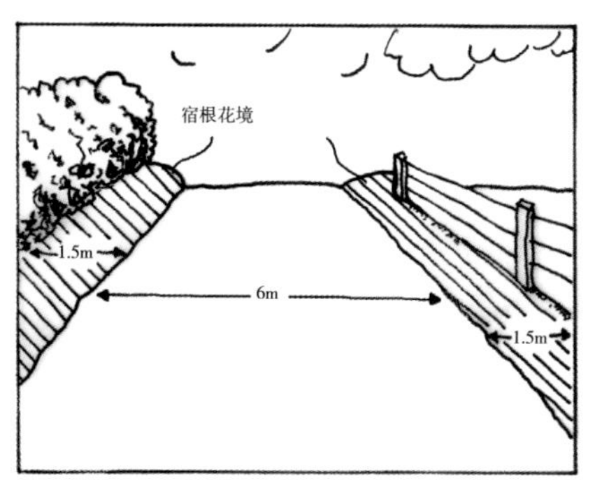

图3–6 宿根花境与环境的尺度关系（据《The Perennial Garden》改绘，Jeff，Marilyn Cox，1985）

时是无法运用这一原则的，否则花境就会太宽了。这时，可以参照设计师John Thouron的建议：在草坪太大而无法运用这一原则时，可将花境的宽度设置成后面背景高度的1/3。假设现有的背景高度为9m，那么前面的花境可以设计成3m宽。

在设计岛状花境时，有些设计师也提出可以运用1/3原则，即岛状花境的长度是宽度的3倍，以这个原则设计出的岛状花境可能多呈长条形。

3.3.2 黄金分割定律

在整个自然界和艺术界都认为的完美比例是黄金分割定律。我们在设计岛状花境的尺度时也可以借鉴这个定律。因为岛状花境多独立设置于草坪上，可以呈现不同的形状，依照这个定律设计出的岛状花境可能多呈椭圆形。假设一个岛状花境的长度为5m，宽度则约为3m。

另外，设计师Tracy Disabato-Aust认为一个岛状花境最少应该有1.8～2.4m宽；在岛状花境中的最高植物可以为种植床宽度的一半。假设一个岛状花境3m宽，则中央的最高植物株高约为1.5m。

需要指出的是，这些都是一般的指导原则，在某些案例中，或许是一个有用的标准，但它不是在任何时候都适用。所以一旦所设计的环境空间与这些不相符合时，可以借鉴一些经验值。通常，单面观花境的宽度约为1.5～2.5m，混合花境的最小宽度约为2.5左右，上限一般不超过5m。岛状花境的宽度最少应为2m左右。

3.4 立面设计

花境重视立面丰富的层次表达，所以在确定花境主题或风格以后，要重点考虑立面景观效果。花境立面设计主要利用不同植物种类的高度变化、株形轮廓的搭配、设置小品、塑造微地形等方式达到高低错落的立面景观效果。

3.4.1 利用不同的植物高度

植物依种类不同，高度变化较大，合理运用植物高度，在花境的立面设计上起着重要的作用。在花境中，最好将较高的植物安排在后面，较矮的植物安排在前面（图3-7）。这样有利于欣赏到整个花境景观。但在实际应用中，不必完全按照前低后高式的规整排列，否则会形成电影院座椅似的规则形式。可在前中景处少量穿插种植一些中等高度的竖线条植物如鼠尾草、蛇鞭菊、假龙头等，或小型精致的花灌木如金叶莸等，以及部分观赏草如蓝羊茅、血草、玉带草等，但这些植物布置的团块应较小，不超过1~2m^{2}为宜，否则会过多地遮挡后面的花卉团块。在花境中利用不同高度的植物，可形成高低错落的立面景观（图3-8）。

图3-7 前低后高的植物安排（据《Perennial all season》改绘，Douglas Green，2003）

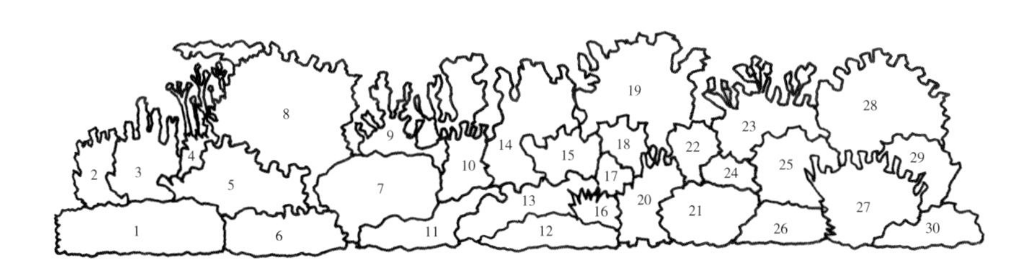

图3-8 配置不同株高的植物形成的花境

3.4.2 利用不同的株形轮廓

利用植物的不同株形也是营造花境立面高低错落的一种方式。设计师Jeff和Marilyn Cox（1985年）认为草本植物的株形轮廓，可归纳为三种基本形状：圆形或球形、三角形或尖塔形、方形（图3-9）。显然，植物不可能是完美的方形或是圆形，但将植物株形概念化、抽象化在设计中很有帮助。在实践中，我们一般将花境植物的株形轮廓抽象成水平线条、竖线条、独特姿态（花头）等三类。

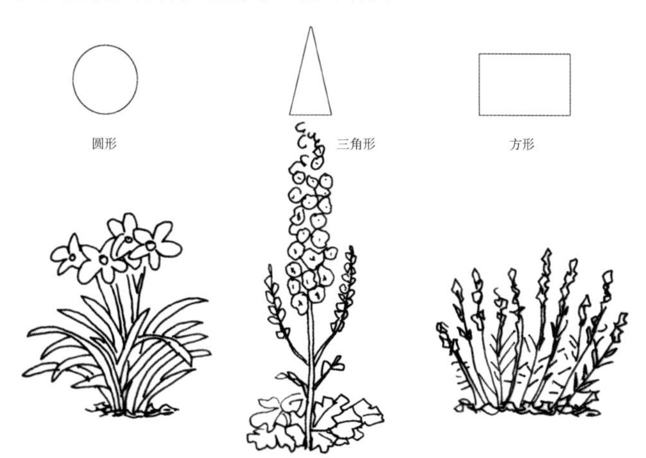

图3-9 草本植物株形轮廓（据《Perennial all season》改绘，Douglas Green，2003）

八宝景天、宿根天人菊、大滨菊、蓍草等植物形成的适宜团块的顶端多呈水平线形，在花境中适宜表达水平线条的效果，这类型中的多数植物的株高与冠幅几乎相等，或者株高比冠幅略大。蜀葵、橐吾、毛地黄、大花飞燕草、蛇鞭菊、鼠尾草、穗状婆婆纳等植物形成的适宜团块外轮廓多呈竖线形，在花境中适宜表达竖线条的效果。这类型中的多数植物株高为冠幅的两倍或以上，或是多有长长的穗状花序。荷包牡丹、地榆、蓝刺头、唐松草、紫松果菊、银边芒、狼尾草等形成的适宜团块多呈独特姿态或独特花头。这类植物的株高与冠幅没有特定的比例关系，不能明显的呈现水平线条或竖线条（图3-10）。因此，要

图3-10 水平线条的宿根天人菊、大滨菊，竖线条的橐吾、穗状婆婆纳，独特姿态与花头的荷包牡丹与蓝刺头

图3-11　不同植物株形搭配的花境景观

想表现参差错落的立面景观，应适当穿插种植水平线条植物、竖线条植物以及独特姿态或花头的植物，避免花境从头到尾只使用一种株形轮廓的植物（图3-11）。除了草本植物以外，还可在花境中加入一些修剪的造型灌木增加株形的不同。在花境立面设计时，最好在一个视觉点，同时选择水平线条及竖线条的植物，更易形成良好的立面参差效果。

3.4.3 设置园林小品

在花境的立面设计中，除了利用不同株高、不同株形的植物以外，可以在花境中设置小品以增加立面层次。常用的方法是在花境的中央或黄金分割点处设置石头、雕塑等小品以作为花境的焦点。除此之外，还可以在花境中设立三角架、棚架等，或在其上攀援植物，增加立面层次的同时还增添了观赏的趣味性（图3-12）。

图3-12　设置园林小品丰富花境立面景观

3.4.4 塑造地形

塑造地形也是一种增加花境立面层次的方法。可将花境种植床的局部地形抬高，也可将花境的整个种植床设计成高低起伏的微地形，还可砌成高低不同的种植台。如上海复兴公园中的一处花境，植物种植在不规整的两层石砌台阶上，第一层高度基本为0.7m，第二层高度基本为0.5m，立面效果通过植物本身以及种植床本身的高低来塑造，选择的前景植物高约0.3m，中景植物高约0.8m，背景植物高约1.1~2m。立面高低错落，层次较为丰富（图3-13）。

图3-13 种植在高床上的花境

3.5 色彩设计

色彩是欣赏花境时产生的第一印象，决定着花境的个性特征或设计主题，是花境设计中的重要内容。很多国外经典的花境范例都有独特的色彩主题，比如西辛赫斯特城堡花园中的紫色系花境、希德科特庄园中的红色系花境等。

而色彩设计是一个非常宽泛的研究范畴，其研究在美学、艺术以及花园设计中都有涉及。而且色彩的基本理论应用于任何一门艺术中都适用，比如服装设计、广告设计、室内设计等。在此，不再赘述有关色彩的基础理论及一般原则，而是将色彩中与花境设计相关的内容加以提炼和总结，重点阐述花境设计中的色彩应用。

3.5.1 花境中冷暖色系的位置安排可影响花境的整体空间

在某一空间中营造花境景观，可通过色彩的配置在一定程度上协助增大或缩小整体空间感。利用“色彩随着距离的增加，较淡的色彩会逐渐减退”这一特点来巧妙地处理整体空间。运用这一现象，如果需要增加花境的纵深或长度，可以在花境的背景处或是花境的两端种植淡色或冷色、质感轻盈的花卉，如狼尾草、钓钟柳、荆芥、鼠尾草等，会使花境看起来更大。相反，将深色、质感较厚重的花卉如美人蕉、紫松果菊、黑心菊等种植在背景处或花境两末端会有缩短花境纵深或长度的效果。

3.5.2 暖色亮冷色暗是花境和谐配色的方法之一

对于体量较小的花境，追求片段性的局部色彩和谐是保证整体色彩和谐的有效方法。一个简单的规则就是让暖色亮、冷色暗，也就是将较亮的暖色与较暗的冷色混合，会比将较亮的冷色和较深的暖色混合会带来更好的效果。所以最暗的黄色与淡紫色、淡蓝色看起来不太协调，而亮黄色与深蓝色搭配则效果较好（图3–14）。特雷西·迪赛拜特·奥斯特（Tracy DiSabato–Aust）（2003年）指出："为了使体量与色彩更为完美，一般运用约2/3的蓝色花（深色调）和1/3的橘色花（浅色调）搭配。"

图3–14 亮黄色和深蓝色比暗黄色和淡蓝色搭配效果更好
（引自《The well-Designed Mixed Garden》, Tracy Disabato-Aust, 2003）

3.5.3 对比配色是强调色彩的方法之一

对比色是色彩轮上处于相对位置的色彩，如蓝色和橘色、黄色和紫色等。将一种色彩及其补色搭配在一起可以使其饱和度增加，可在小型花境或是花境局部运用这个原则。对比配色可以是等比例配色，也可以是非等比例配色。如花境中的色彩一半是黄色一半是紫色，这种花境景观色彩明朗。还有一种是非等比例对比配色，如在一个黄色花境中，运用少量蓝色花或蓝紫色花可营造更为生动显眼的景观，比单独用黄色系植物容易达到强调的效果（图3–15）。此外，在一种色彩上停留过

图3-15 对比色花境

久，会渴望见到它的对比色。正如杰基尔（1908年）写到："在即将进入一个灰色或蓝色花园之前，如果配置一个橘色的或黄色的花境会使花园的效果达到最佳，因为这个强烈的花境色彩会使得眼睛极度渴望见到其对比色的花园……"

Tracy Disabato-Aust（2003年）指出"较好的植物搭配是植物在色彩、质感或形式上有一个特征是相同的，而另一个是相对的。在对比配色时，通常将一个色彩的2/3体量和其对比色的1/3体量配置一起效果较好。"在花境设计时，可以将任何三个邻近的色彩（三基色、二次色和三次色）与补色搭配在一起运用——例如，蓝紫色、紫色、红紫色和紫色的补色黄色搭配在一起来运用，如蓝色的鼠尾草、紫色的鼠尾草、红紫色的堆心菊与黄色的蓍草搭配。还有一种方法是只用三种色彩，即一种色彩加上它补色相邻的两种色彩搭配在一起运用。如绿色和红紫色、橘黄色的搭配，如狼尾草、紫松果菊、火炬花的搭配。当然，配置一个对比色花境，可以运用上述的方法在花境中只选用一组对比色，也可以选用两到三组对比色，景观则会更丰富。

3.5.4 单色是独具个性的花境配色方案

在花境设计中，追求单一的色彩是不容易的，特别是植物种类不够多的时候。所以这里指的单色也包含更广泛的含义。

一种含义是指在一个花境中就只出现一种色彩，是真正意义上的单色花境。它区别于目前常见的混色花境，更具独特性。单色花境一方面减少了纷繁的色彩，更为和谐统一。而且整个花境都为单一色彩，所以这种色彩的冲击力更为强烈和突出（图3-16）。

图3-16 纯净而突出的白色花境景观

著名的西辛赫斯特城堡花园中就建设了一个白色园，主要以花境的形式呈现。花园由维塔设计建成，早在1939年，她给丈夫哈罗尔德写信，就谈到她的白色园构想："只有白色的花，间或杂有很少的淡粉色……白色的铁线莲、白色的薰衣草、白色的银莲花、白色的百合…。"这个梦想于1950年后终于成型，她还在其中添加了马蹄莲、月季、茼蒿、波斯菊、博落回、芍药等开白花的植物种类。其中白色花朵与绿叶的协调使得白色园的风格独特，久负盛名（图3-17）。

图3-17 西辛赫斯特城堡花园中的白色花境
(引自《Gardening at Sissinghurst》, Tony Lord, 1995)

另一种含义是指将同一种色系的植物配置在花境中，更准确地说是类似色花境。类似色主要运用色彩轮上相近的两或三种色彩来配色。如橘色、黄色和黄绿色，都以黄色作为基本色彩；蓝绿色、蓝紫色和紫色，都以蓝色为基本色彩；橘红色、红色和紫红色，都以红色为基本色彩等。在类似色的花境配色中，还可以运用前面所提到的色彩理论，将较亮的浅色与较暗的深色搭配在一起。如选择了红色和紫色这一组类似色，在花境配色时，将红色花变成粉色花，将紫色花变为暗紫色花，这比提亮紫色到淡紫色效果更好。一般很少将纯色调的色彩简单的配在一起。另外，也可以运用在一种色彩周围配置类似色可以减弱其亮度的方法。如将粉色、栗色、紫色或灰色搭配在一起，将金色、黄色和绿色搭配在一起以及将蓝色和紫色搭配在一起效果都比较好。类似色的花境配色和谐而不失生动，统一中又呈现出变化，见图3-18。

图3-18　类似色的花卉搭配

3.5.5 色彩渐变是长花境配色的经典方法之一

一些长长的条带形花境可以达到几十米甚至上百米长，在进行这些长花境的色彩设计时，如果从头至尾都是无规律将多种色彩随意配置在花境中，很容易出现色彩杂乱或致审美疲劳的景观。所以利用色彩本身在色彩轮上出现的色彩规律来配置植物是一种常用的花境设计方法。先可将色彩轮上的色彩按照类似的特点进行分类，第一种分类是将冷色系归为一类，如紫红-蓝紫-蓝-白-银；第二种分类是将较暖色系归为一类，如乳白-黄-橘黄-栗色-棕色；这样分类以后，则可将一个花境分段布置成同一类的色彩，即一段只选冷色配置花卉，另一段只选暖色配置花卉。当然也可选用冷色或暖色为主，再配以暖色或冷色相辅。第三种分类是沿用杰基尔配置花境色彩的方式，将色彩轮盘上的色彩按照秩序逐渐呈现，流动性地配置它们，而不是突然的转变，将灰色和浅蓝绿色的观叶植物布置在花境两端，从蓝色、绿色、灰色到浅黄色和白色，再到较淡的黄色和粉色，然后到强烈的黄色、橘色和红色，之后又回到较温和的色彩，以紫色和玫红色结束。选定好色彩之后，将不同色彩的植物配置在相应的位置，以形成花境的色彩序列。如著名的曼斯特德伍德花园。这种渐变色彩花境的秩序感和变换感较强，对整个花境来说，色彩丰富，但每个部分又都独立成景而不显杂乱，是长花境常用的配色方法。

园艺师特雷西·迪赛拜特·奥斯特为俄亥俄（Ohio）中心大型花园中的花境设计就是采用这种色彩渐变的方式配置色彩的。花境面积约为6000平方英尺，将花境分成若干个片段，在每个片段中运用同一色系，每个片段都为一个单色花境，组成在一起则形成了一个混色花境。色彩由红色、橘色、黄色、蓝色至紫色，在较幽静的的紫色片断设置有休息区域，之后又将整个花境的色彩以色彩轮上逆时针的方式继续（图3-19）。花境中会用观叶植物作为强调和重复，如在紫色部分运用黄色观叶植物作为对比色让紫色更为突出。景观效果则为每个花境片段都是单色，而整个长花境又是一个秩序性很强的色彩渐变式景观。

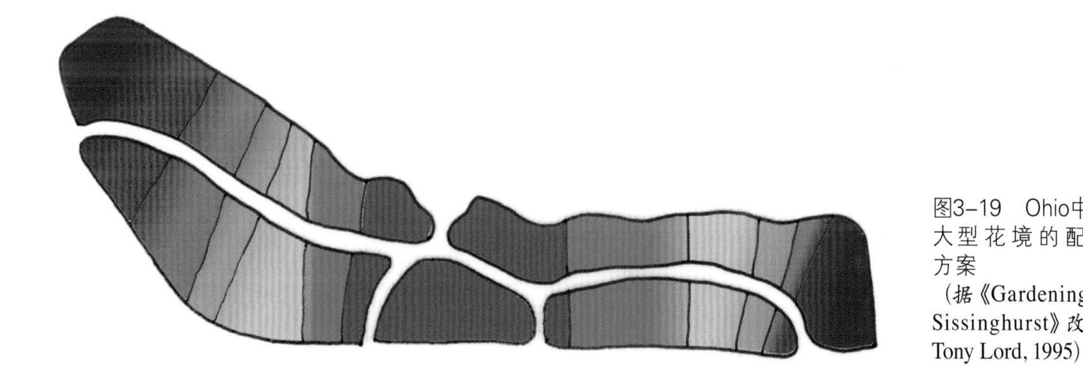

图3-19 Ohio中心大型花境的配色方案
（据《Gardening at Sissinghurst》改绘，Tony Lord, 1995）

3.6 季相设计

季相变化是花境的主要特点之一，丰富的季相景观以及持久的观赏期一直是花境设计师所追求的。在所有的植物景观设计中，常常会提到三季有花、四季有景的要求。那么，在花境设计中如何使其保持丰富的季相变化景观呢?

花境的季相变化可以通过各种不同观赏期的植物按一定的规律交错组合而实现。设计师Douglas Green（2003年）也认为将各个季节的开花植物在花境中的巧妙设位会在一定程度上延长花境的观赏期。在进行花境季相设计时，可以遵循以下程序和方法。

3.6.1 配置春季开花的植物

列出当地早春至晚春开花的植物，并将春天开花的花卉分散布置在整个花境中，这样会避免春天开花的花卉聚集在一起而使之后的季节无景可赏。在花境纵向层次上，一般将春季开花的植物布置在靠近花境中部的位置（图3-20），再将夏季开花的植物布置在春季开花植物的前面。这样布置解决了一个重要问题，就是前面夏季植物的新鲜的花朵和叶子会掩饰后面春季植物已经过季的枯萎的花以及旧叶。

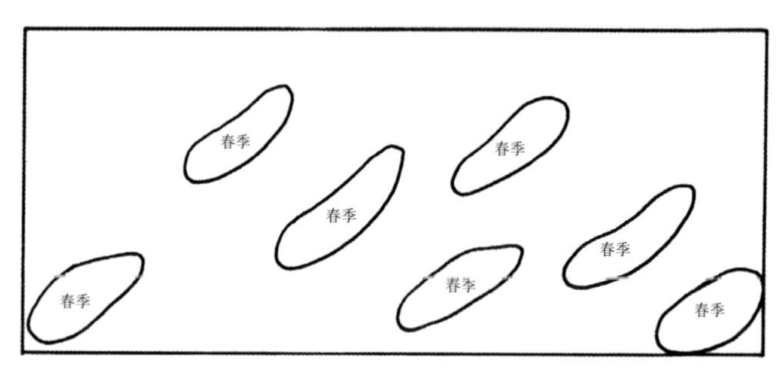

图3-20　春季花卉在花境中的位置安排

3.6.2 配置夏季开花的植物

先列出初夏开花至晚夏开花的植物种类，将夏季开花的植物也分散布置在整个花境中。在配置夏季开花的植物时，可适当增加初夏开花的植物种类，尽量将春天开花的植物与夏天开花的植物在高度上相匹配，基本上保持花境前低后高。在设计时将早春开花和初夏开花的植物间前后交叠少许，而晚春开花的植物和初夏开花的植物之间前后交叠较多，这样可使得开花繁茂并连续不断（图3-21）。

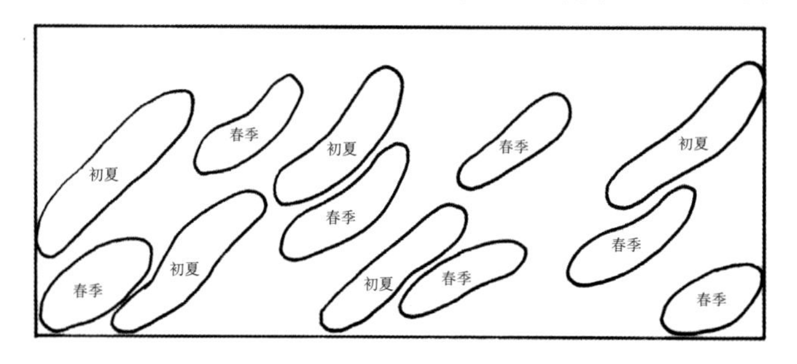

图3-21　初夏花卉在花境中的位置安排

将初夏的植物配置好后，再配置中夏至夏末开花的植物种类。将较矮至中等高度的中夏至晚夏开花的植物布置在花期过后的春花植物前面，以掩藏后面的不良景观。一般来说，初夏开花的植物和夏末开花的植物花期会有一段交迭，所以将初夏开花的植物与夏末开花的植物配置在一起。当然，那些叶子在花后看起来很不好的种类如东方罂粟等，则应配置在夏末开花的植物后面（图3-22）。

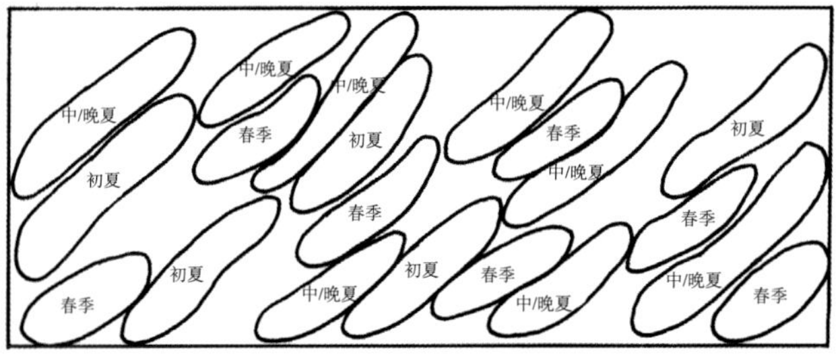

图3-22　中夏和晚夏花卉在花境中的位置安排

夏季是多数宿根花卉开花的季节，所以在花境中一般多配置夏季开花的植物种类。

3.6.3 配置秋季开花的植物

列出秋季开花的植物种类，将秋季开花的植物也分散布置于花境中。在设计时，可以将早秋开花和夏末开花的植物前后交迭（图3–23）。一般来说，秋季开花的植物种类并不多，因此在配置秋季植物时，除了种植秋季正值花期的花卉以外，还可以增加一些一二年生花卉以及观赏草等，以延长花境观赏期。

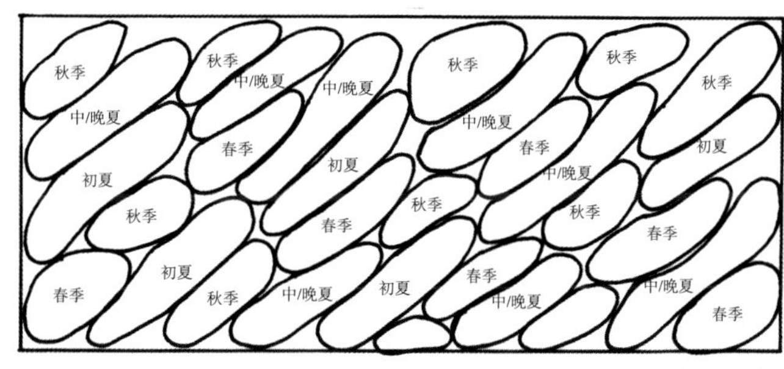

图3–23 秋季花卉在花境中的位置安排

3.7 平面设计

花境的平面设计需要解决两个主要问题，一是植物团块之间的组合方式，另一个是植物团块的尺度大小。植物团块的组合方式及尺度大小在一定程度上决定了花境的景观特点。

3.7.1 植物团块组合方式

植物团块的组合有多种方式，不同的组合方式在一定程度上决定了花境的风格。

（1）拟三角形组合——节奏与韵律的组合

拟三角形组合的花境平面中，各个植物团块以不同大小的三角形相互楔入。纵向层次较少，团块组合相对简单清晰。一般可选用几种花卉组成间断性的交错布置，形成节奏感和韵律感较强的花境。这种花境

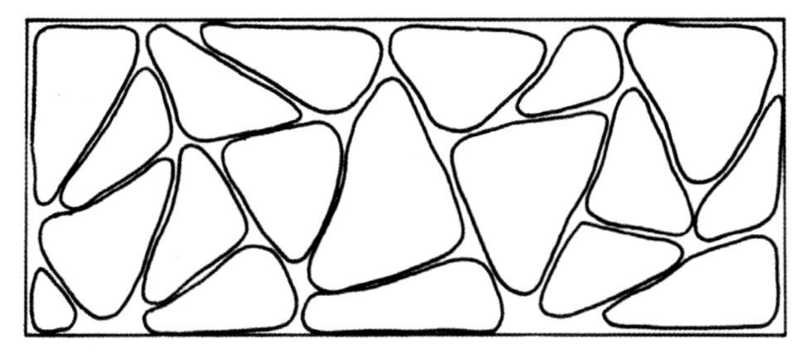

图3–24 拟三角形组合平面及效果示意
（平面图据《The Summer Garden》改绘，Jill, Billington, 1997）

前后层次较少，植物种类不多。观赏者欣赏这种花境时，会体会到变化着的韵律。因此这是一种节奏韵律感较强的布局方式。其平面组合形式及景观效果示意见图3-24。

（2）飘带形组合——流动与丰富的组合

飘带形组合的花境平面是由英国园艺师杰基尔首先提出的。花境中各个团块从平面上看是与主视点约成45°倾斜角的狭长飘带形（drift）的组合，多个飘带布置在花境中，流动感很强。这些飘带的长度不定，但它们总有部分是重叠的，因此纵向层次更为丰富。这种组合方式的最大优势在于突出前面优美的植物飘带而隐藏后面不良的植物飘带。因为花境中的植物在整个季节都在演绎花开花落的景观，植物之间肯定会相互影响，一些植物在花后景观不良时正好被前面的植物遮挡。所以这种组合方式在景观效果上使得一些花卉色彩在部分植物组群相互聚集，而另一些花卉色彩在更大的植物组群中延伸，会增强流动感和景观的丰富度，为设计增加艺术性。杰基尔还提出："组合中的飘带可以为不等的长度和宽度。但作为一个指导原则，每个飘带可以遵循长宽比为3：1这个原则，即每个飘带的长度为宽度的3倍"。

需要指出的是，这种组合方式中大多都是长长的飘带团块，但也有一些近似圆形的团块穿插其中，通常，长飘带形团块以种植水平线条的植物为主，圆形团块以种植竖线条植物为主。这样会使得花境的前后层次更多，团块之间衔接得更为紧密，水平线条植物与竖线条植物搭配更丰富。因此，这是一种流动感与丰富性的布局方式。其平面组合形式及景观效果示意见图3-25。

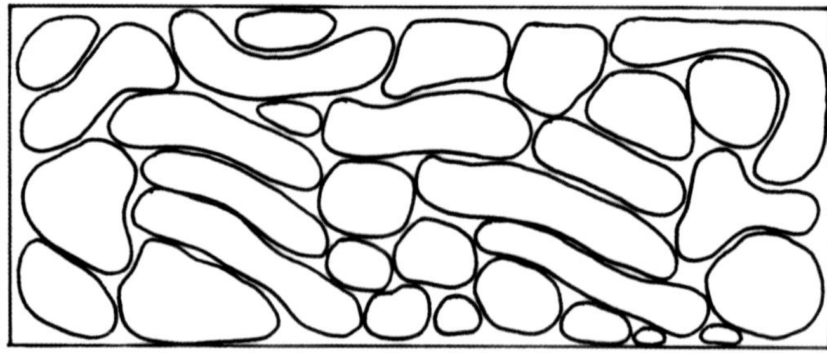

图3-25 飘带形组合平面及效果示意（平面图据《The Summer Garden》改绘, Jill, Billington, 1997）

（3）半围合形组合——神秘与渐变的组合

半围合形的花境平面是由一些半围合的大团块中包围着一些小团块形成的小组团。这种组合方式没有前两种具有动态性，但它却有着独特的神秘感和趣味性。一般地，可在半围合的大团块中种植较高的或较矮的植物种类，在其中的小团块相对的种植较矮或较高的植物种类。这样大小团块相互包容，高低错落，使得观赏者若位于花境的一端，只能看到其中较高的植物种类，而只有沿着花境游览，才能体会组合中较矮的植物景观所带来的惊喜，神秘感较强。设计这类组合时，可选用几种植物将其中的一组围合做出来，其他的围合都相似即可；也可以每个围合都配置不同的植物，形成更丰富的景观。但无论如何，大团块中包围着若干小团块，整体轮廓多是由大团块中的植物架构的，因此花境的整体感较强。另外，小团块组合中又可以营造色彩、植物种类的多样化，在统一中又有多样的变化，在欣赏花境的过程如同展开一幅画卷一样有渐变之感，与“曲径通幽、步移景异”的造景手法有异曲同工之妙。因此，这是一种神秘感与渐变感较强的布局方式。其平面组合形式及景观效果示意见图3-26。

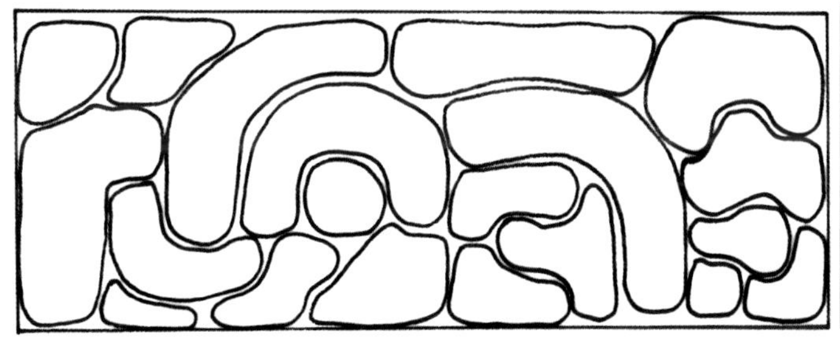

图3-26 半围合形组合平面及效果示意（平面图据《The Summer Garden》改绘，Jill, Billington, 1997）

（4）自由斑块形组合

自由斑块组合方式在平面上几乎没有什么规律可循，各个植物组团依据植物本身的大小，尽量形成大小不等的植物团块，一般地，表现竖线条的植物如毛地黄、火炬花、翠雀等的植物团块较小，而表现水平线条的植物如大滨菊、宿根天人菊等的植物团块较大，通过大大小小的团块交错配置形成丰富的景观。在花境设计时，这种平面组合方式更需要仔细考虑植物间的搭配，如尺度、色彩、立面、季相等多个方面。其平面组合形式及景观效果示意见图3-27。

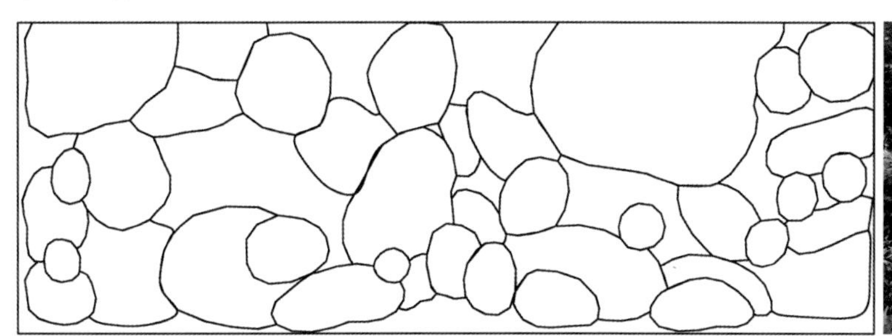

图3-27 自由斑块形组合平面及效果示意

3.7.2 植物团块的尺度

在花境设计中，各个植物团块的大小到底多少合适是一个需要关注的问题，也是花境设计初学者最困惑的问题之一，所以有必要对这个问题加以阐述。需要指出的是，下面所给出的植物团块大小的数据主要是依据国外的一些经典案例以及个人的实践经验总结得来的，是一些参考值或经验值，而不是一成不变的数值。

花境中的植物团块是指其中的每一个植物品种组成的丛状团块。团块大小主要由其中所种植的植物种类来定，一般来说，体量大的植物其团块相对较大，体量小的植物其团块相对较小。但需要遵循一个原则：各种花卉团块应根据设计意图确定大小。竖线条的植物团块不宜过大，否则竖线条会向水平线条过渡，团块的竖线感则不明显；水平线条的植物团块面积不宜过小，否则水平线感则不明显。

通过分析一些国外花园中经典的花境平面，发现花境中较小的植物团块约在1m^2左右，较大的团块约在5m^2左右，多数植物团块在2~3m^2，但在个别特大型的花境中，某些植物团块可达到5~10 m^2。而且竖线条的植物团块近似椭圆形居多，水平线条的植物团块近似长飘带形居多。从艺术角度和多数园艺师的经验来看，飘带形或丛状的植物团块中花卉多呈奇数种植，即每个组群中包含三、五、七、九株……植物。通常，三到五株植物组合在一起就可以实现最小的群体效果。而且花境中花卉的高度最好限定在花境宽度的2/3以内。例如，一个花境1.8m宽，则最高的花卉不超过1.2m。这样不会让整个花境看起来有头重脚轻的感觉。通过花境调查及实践，得出一些花卉的较合适的团块面积大小，见表3-1。

表3-1　花境中适宜的植物团块面积

植株特点	植物名称	成熟高度（m）	成熟冠幅（m）	较适宜的团块面积（m^2）
竖线条植物	蜀葵	1.5	0.5	2.5±0.5
	美人蕉	1.5	0.6	2.5±0.5
	千屈菜	1.5	0.4	2±0.5
	火炬花	1.2	0.5	2±0.5
	蛇鞭菊	1	0.35	1.5±0.5
	鼠尾草	0.5	0.3	0.8~1.5
	穗状婆婆纳	0.4	0.3	0.8~1.5

（续）

植株特点	植物名称	成熟高度（m）	成熟冠幅（m）	较适宜的团块面积（m^2）
水平线条植物	大滨菊	0.6	0.4	3±0.5
	蓍草	0.6	0.4	3±0.5
	八宝景天	0.4	0.4	2±0.5
	石竹	0.3	0.3	2±0.5
独特姿态（花头）	紫松果菊	0.8	0.5	3±0.5
	大花金鸡菊	0.7	0.4	3±0.5
	耧斗菜	0.5	0.35	2±0.5
	荷包牡丹	0.5	0.4	2±0.5

3.8 花境植物选择

花境中植物种类丰富，植物高低错落，以宿根花卉为主，搭配灌木、一二年生及球根花卉；植物观赏期应持续数月，富于季相和色彩的变化；花境养护管理相对较少，节约、经济；植物一次种植，最少应保持3~5年，可形成小的植物群落，景观较稳定。花境的以上特点决定了花境植物种类的选择。花境中的主体植物选择应具备以下基本条件：

3.8.1 应适应当地气候、环境条件

花境植物种类应能露地越夏和越冬，大部分种类以地栽为主，不需要特殊的保护，所以所选植物应能适应当地的气候条件。另外，还应根据花境所在的环境选择植物种类，如水边、干旱地等，植物种类的选择会有所不同。

3.8.2 抗性强、低养护

花境中的大部分植物种类应抗寒、抗旱，不易感染病虫害，养护管理相对简单，无需每年大面积换花。

3.8.3 观赏期长

花境景观较持久，季相变化明显，因此要求主体植物种类的观赏期相对较长。植物的观赏期包括花期和绿期，至少应能持续两个月以上。或者通过修剪可以二次开花的植物观赏期相对较长。而对于经典的

混合花境应以观赏期长的宿根花卉为主体，而观赏期短的季节性花卉一般在花境中只作为补充花材，少量应用，并需要季节性更换。

3.8.4 利于表现花境景观

有些植物材料在花境中适宜作为骨架植物，有些适宜作为竖线条植物、水平线条植物或独特姿态（花头）植物，有些适宜作为镶边植物。所以在选择植物种类时，大体可以从以下几个方面进行：一是可表现花境骨架的植物。通常情况下，花境中没有太多空间种植大乔木，如果花境尺度较大，至多选择1~3棵成熟时株高不超过5m的慢生小乔木作为花境骨架，而速生树种不适用于混合花境。灌木则多作为混合花境的骨架，一般选择高度为0.8~1.5m的小型常绿灌木、落叶的观花或观叶灌木等，如凤尾兰、醉鱼草、金叶莸等。而用作背景或绿篱的较大灌木，高度可为1.5~3m。二是可表现竖线条的植物，如蛇鞭菊、火炬花、假龙头、鼠尾草等。三是可表现水平线条的植物，如宿根天人菊、荷兰菊、石竹等；四是具有独特姿态或花头的植物，如荷包牡丹、地榆、唐松草、蓝刺头、狼尾草、拂子茅、针茅等；五是可作为镶边的植物，一般为观赏期长，植株较矮小，花后不易倒伏的植物，如美女樱、石竹、八宝景天等。

在花境植物选择时，植物的质感是需要关注的内容，我们常用柔软的、轻盈的、精细的、中等的、厚重的、粗糙的来定性的形容植物的质感。在花境中若运用太多的或全部精细质感的植物，花境会看起来感觉虚弱，没有焦点，缺乏结构性。若运用太多的或全部粗糙质感的植物，可能会显得不够优雅。为了平衡效果，花境中一般会多选用中等质感的植物搭配较多的精细质感的植物，来平衡相对较少的粗糙质感的植物，可在中等质感、精细质感的植物中穿插种植粗糙质感的植物或在粗糙质感的植物背景下运用中等质感以及精细质感的植物。质感较粗糙的植物主要有观赏谷子、蜀葵、美人蕉、紫松果菊等，质感中等的植物主要有蓍草、火炬花、千屈菜、蛇鞭菊、假龙头等，质感精细的植物主要有地肤、拂子茅、针茅等（图3–28）。精细质感的植物在花境中会增加空间感和纵深感，而粗糙质感的植物则起相反的效果。所以在花境植物选择时，需要选择粗糙质感的植物与精细质感的植物搭配在一起形成对比（图3–29）。

图3-28　①②③④：粗糙质感的观赏谷子、美人蕉、蜀葵、紫松果菊
⑤⑥⑦：　中等质感的蓍草、千屈菜、火炬花
⑧⑨⑩：　精细质感的拂子茅、地肤、针茅

图3-29　不同质感的植物搭配

花境设计

第四章
国外优秀的花境案例剖析

国外优秀的花境各具特色。或有着特定的主题，或有着独特的色彩，或有着完美的背景和骨架，或有着丰富的层次。从这些优秀花境案例的主要特点、存在环境、设计平面和植物种类等入手进行深入分析，以总结归纳它们的设计方法为我们所借鉴。

4.1 哈雷庄园中古老的对应式花境

位于英国哈雷庄园（Arley Hall）的两个对应式花境据说是现存最古老的花境，凝聚了一个家族世世代代的贡献与付出。这个花境于1846年设计建造，发展至今，一般每五年会重新栽植，种植不断的发生变化，但是花境的本质特征一直保持不变。

这个花境的主要特点有：①花境规模宏大。每个花境约5m宽，基本容纳了6个纵向的植物种植团块。②花境具有完美的背景和结构。一边的墙和另一边的紫杉篱形成了花境的背景框架，而两个花境都以间断出现的紫杉篱作为隔断，紫杉精细的质感和色彩为前面的花卉提供了完美的结构形式和陪衬。③花境植物种类丰富，具有较长的观赏期和变化的四季色彩。从1960年左右，艾希布鲁克（Ashbrook）女士将花境改造为更显著的色彩主题。花境从早春至仲夏，以凉爽的朦胧的蓝色、粉红色、灰色和白色为主，从晚夏直到霜季以温暖的艳丽的黄色、橘色和红色为主。④规则式布局，自然式种植。正如杰基尔（1904年）所评价的："纵观英国，很难找到比哈雷庄园中的花境更好的设计了……很容易看出，规则和自然怎样有机地结合在一起，前者体现在花园绿篱的装饰效果上，后者体现在种植耐寒花卉的宏伟花境上"。花境景观效果、花境环境平面图、花境平面图见图4-1a、4-1b、4-1c。

图4-1a　哈雷庄园中的花境效果
（引自《Best Borders》, Tony Lord, 1994）

图4-1b　哈雷庄园中的花境环境平面图
（据《Best Borders》改绘, Tony Lord, 1994）

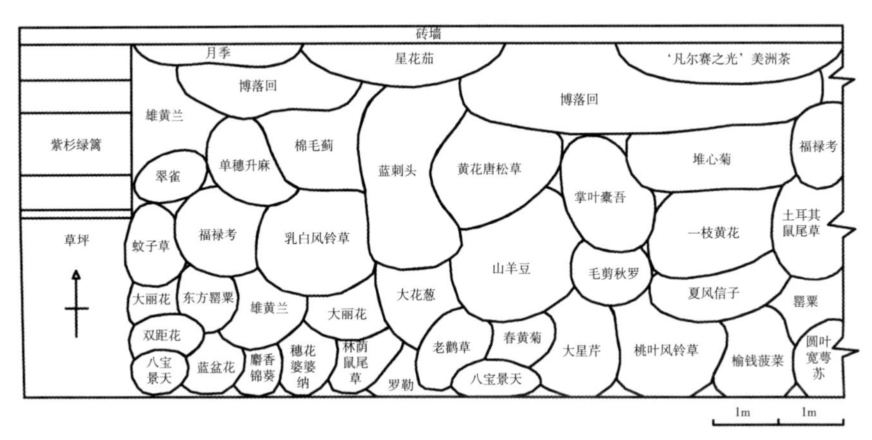

图4-1c　哈雷庄园中的花境平面图（据《Best Borders》，Tony Lord, 1994改绘）

花境中的主要植物有：蓝刺头*Echinops bannaticus*、黄花唐松草*Thalictrum flavum*、博洛回 *Macleaya cordata*、宿根福禄考*Phlox paniculata*、蚊子草*Filipendula palmate*、大花葱*Allium giganteum*、八宝景天*Sedum spectabile*、乳白风铃草*Campanula lactiflora*、桃叶风铃草*Campanula persicifolia*、春黄菊*Anthemis tinctoria*等。

4.2 帕克伍德府邸花园中的混合风格花境

位于沃里克郡（Warwickshire）的帕克伍德府邸（Packwood House）花园是个迷人的幸存花园，其中的院子、阳台、凉亭自从16世纪建立至今依然保存的完整无缺，而其中的花境则是在19世纪早期种植建立的。

这个花境的主要特点有：①极其丰富的花卉种类。如果按照常规逻辑，在这样的花境空间中只需要运用现在一半的花卉种类即可。这个花境按照陆敦（Loudon）的“混合”风格，在一定的间距重复运用小规模的植物团块或是单株植物营造繁茂的景观效果。②在同一空间中运用两种主色调，即黄色花境和紫色花境。黄色花境以花园周边的墙为背景，为长条形，宽2.4m，背景处的花卉几乎与墙同高，花境完全被花充满，非常丰富；紫色花境围绕着花园中央的小水池四周布置，以人工修剪的绿篱为背景，花境中除了紫色花卉以外，还搭配了少量的蓝色、白色等冷色系的花卉。夏初时期，花境以红色和蓝色为主导，有少量的黄色可见。③重复的韵律性种植。花境的一种植物大约重复种植四到五丛，强调了色彩的同时，更为相互呼应。使得花卉的种类与数量虽然很多，但不显杂乱。④规则式布局，自然式种植。外围的墙体与

中心的绿篱为花境提供了完美背景和骨架。花境的轮廓线非常清晰，而其中的花卉以自然式的小团块布置。设计师Fred Corrin认为人们喜欢大量混合种植的花卉景观，在整个夏季，即使最小块的裸露地面也不应该出现。花境景观效果、花境环境平面图、花境平面图见图4–2a、4–2b、4–2c。

图4–2a 帕克伍德府邸花园中的花境效果
(引自《Best Borders》, Tony Lord, 1994)

图4–2b 帕克伍德府邸花园中花境环境平面图
(据《Best Borders》改绘, Tony Lord, 1994)

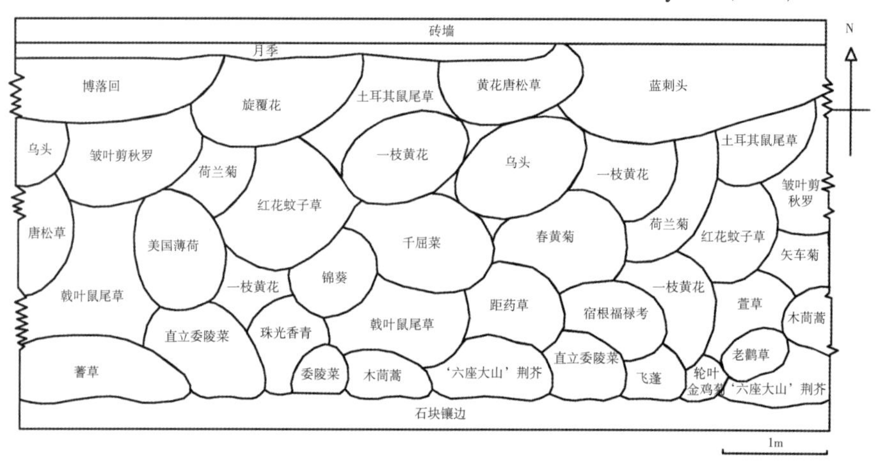

图4–2c 帕克伍德府邸花园中的混合风格的花境平面图
(据《Best Borders》改绘, Tony Lord, 1994)

花境中的植物种类主要有：荷兰菊*Aster novi-belgii*、蓝刺头*Echinops banaticus*、博落回*Macleaya cordata*、旋覆花*Inula magnifica*、黄花唐松草*Thalictrum flavum*、皱叶剪秋罗*Lychnis chalcedonica*、红花蚊子草*Filipendula rubra*、戟叶鼠尾草*Salvia bulleyana*、直立委陵菜*Potentilla recta*、'六座大山'荆芥*Nepeta* 'Six Hills Giant'、宿根福禄考*Phlox paniculata*等。

4.3 庞璀卡特花园中的一二年生花境

位于法国迪埃普（Dieppe）附近的庞璀卡特（Le pontrancart）花园中的主要景观是绿篱和花境。二战之前，这个古老的花园只是一个种植蔬菜的地方。花园主人邀请了凯蒂·洛伊德·琼斯(Kitty Lloyd-Jones)为他设计了这个花园。从此之后，这个古老的花园就成为了法国规则式、几何式思想的理性实践典范。

这个花境的主要特点有：①花境中大部分的植物种类都是一二年生花卉，但非常注意竖线条与水平线条花卉的搭配。如今多数的园艺师为了节省人力、财力舍弃了一二年生花卉的应用，但不同的是，在法国的这个花境至今还保持着大量应用一二年生花卉的园艺传统。②季节性的展示。一二年生花卉的最大缺点在于花期过后看起来一片狼藉。但在这儿却不会出现这样的问题，因为这个花园只在夏末之前，花卉都还正值花期时展示，其他时间就不对外开放了。即便是对外开放，花境虽然枯萎，但单纯的绿篱景观也是一道风景，所以花境背景的营造非常重要。③各个花境的色彩主题不尽相同。这个花园最初种植的是蓝色和白色的花卉为主，而在十字轴线上却多种植了黄色、金黄色的一二年生花卉。花境基本以冷色调与暖色调分开种植为主，蓝色、紫色、白色花卉种植在一起，红色、黄色花卉种植在一起，每个花境基本以一种色调为

图4-3a 庞璀卡特花园中的一二年生花境效果
（引自《Best Borders》，Tony Lord, 1994)

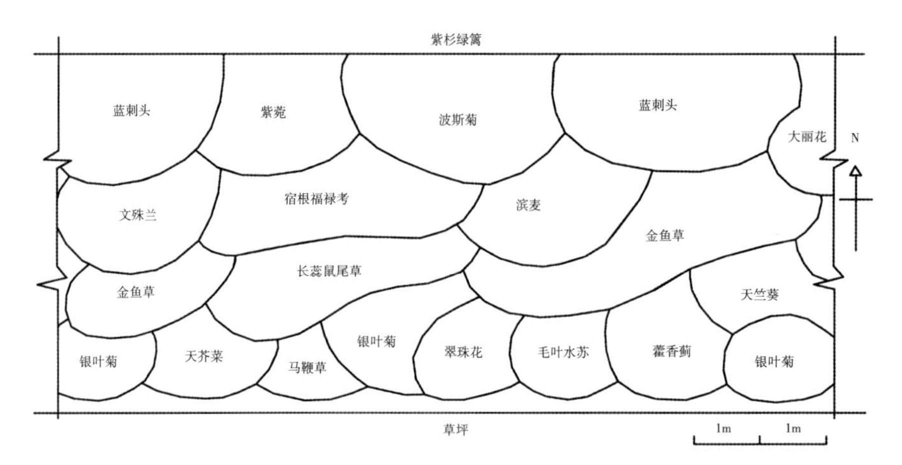

图4-3b　庞璀卡特花园中的一二年生花境平面图（据《Best Borders》改绘，Tony Lord，1994）

主，整体花境景观则色彩丰富。④迷宫式的绿篱是极具趣味性的花境背景。迷宫式的绿篱与自然的花境浑然天成形成了花园的整体景观，而迷宫式的绿篱作为花境背景可以说是这个花境的最大创新，一方面绿篱为花境提供了规则式的框架，另一方面花境又为绿篱增添了色彩和层次，这是不同景观互为补充的最佳体现。花境景观效果、平面图见图4-3a、4-3b。

花境中的植物种类主要有：蓝刺头*Echinops banaticus*、宿根福禄考*Phlox paniculata*、长蕊鼠尾草*Salvia patens*、毛叶水苏*Stachys byzantina*、金鱼草、荷兰菊、波斯菊、大丽花、天竺葵、马鞭草等。

4.4 尼曼斯花园中的夏季花境

尼曼斯（Nymans）花园位于英国的苏塞克斯，花园经历了3个主要的园艺师：最先在这儿设计和种植的是詹母斯·康宝（James Comber），从世纪之交一直到1953年；其后是塞西尔·纳爱斯（Cecil Nice），将这个花境景观保持了约30年；之后至今是戴维·玛斯特（David Master），从1980年开始就是这儿的主管园艺师了。虽然这个花境几经变换，但其本质特征却得以很好的传承。

这个花境的主要特点有：①夏季开花的一年生花卉占了总数量的一半以上。一直以来，这个花境都将一年生花卉作为主导植物。戴维·玛斯特认为以一年生花卉为主导是这个花境的特征之一，必须予以保留传承。尽管在当时很流行宿根花卉，但在这儿却几乎很少应用。②花境风格得以完好传承。这个花境的风格似乎在一百年前就已经完全定格了。对于这样一个经典的优秀的花境，各个时代的园艺师都认为保护其历史性的、浪漫的风格比其他的改变创新显得更为重要。所以他们都选择在保持原来景观的基础上，适当调整，充分尊重历史，这也是这个花境得以闻名的重要原因。当然，这个花境同样需要园艺师们每年进行翻新，也需要很高的艺术造诣和园艺技术支持。花境景观效果、平面图见图4-4a、4-4b。

图4-4a　尼曼斯花园中对应式夏季花境效果
（引自《Best Borders》，Tony Lord, 1994）

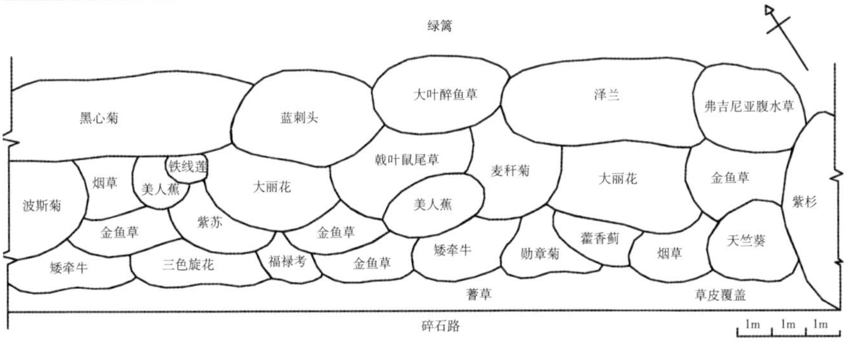

图4-4b　尼曼斯花园中对应式夏季花境平面图
（据《Best Borders》改绘，Tony Lord, 1994）

花境中的植物种类主要有：蓝刺头*Echinops ritro*、大叶醉鱼草*Buddleja davidii*、泽兰*Eupatorium purpureum*、戟叶鼠尾草*Salvia bulleyana*、波斯菊*Cosmos bipinnatus*、美人蕉*Canna indica*、金鱼草、铁线莲、矮牵牛、大丽花、天竺葵、麦秆菊等。

4.5 曼斯特德伍德花园中的色彩渐变式花境

曼斯特德伍德花园是杰基尔的私人花园。这个花园里布置了有名的色彩渐变式花境，花境长约60m，宽约4.5m，是一个尺度宏伟的长花境。为此，杰基尔曾经一度雇佣了十多个园丁照顾这个花园。

这个花境的主要特点有：①色彩基本按渐变方式依次排列，分四个节段布置。从浅蓝色、白色、浅黄色、浅粉色转换到黄色、橘黄色、红色，再又依次为浅粉色、浅黄色、白色、蓝色，实现色彩的逐渐变换，营造色彩秩序感强但却很柔和的景观效果。②植物种类丰富。整个花境共涉及76个品种的植物，以宿根花卉为主，但即便是最谨慎的设计中，也不可避免地会出现空隙，所以杰基尔会在空隙中填充适宜的一二年生花卉，并零星布置灌木。③将花境作为花园的一部分，主要展示从7月到10月的花境景观，而春天、5月和6月的景观则在花园的其他部分展示，这就使得花境的观赏期更为集中，从而更易于表现丰富繁茂的花境景观。④规则式布局，自然式种植。花境以砖墙和紫杉绿篱为背景，墙基处种植蔷薇、葡萄等攀援植物以及枇杷、月桂树、南天竹等乔灌木，前面再布置花境。这个花境显示了她喜欢的草本植物以成组的灌木或是绿篱为背景的良好景观。在背景与前面种植区域之间还设置了一条窄窄的小路，为灌木以及其中的花卉养护提供通道，但被花境中前面高的草本植物所屏蔽了。⑤ 精细的养护管理。这个花境有着大量的植物种类，保持连续的花期需要养护管理技术的支持。许多植物需要支撑，

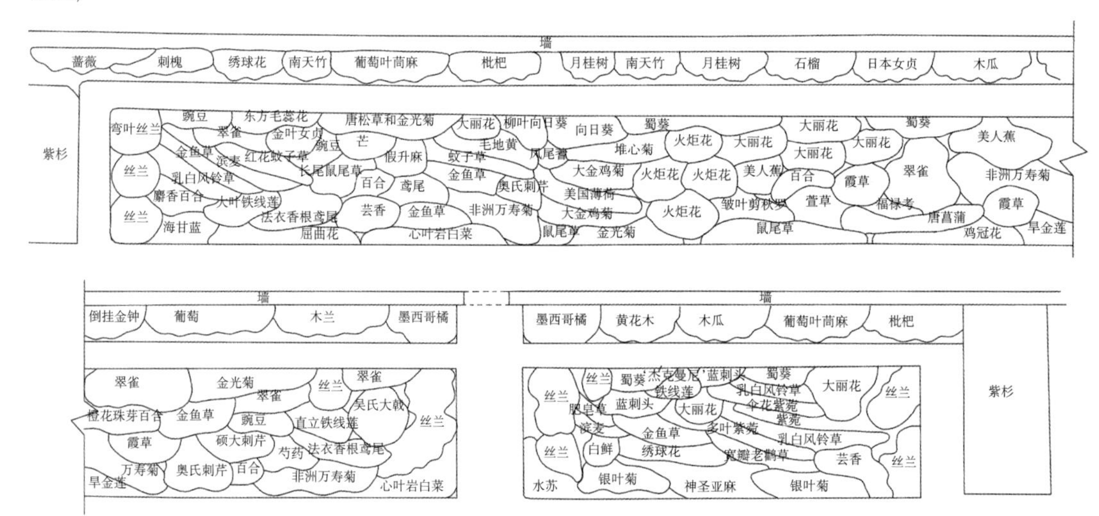

图4-5a 曼斯特德伍德花园中的花境平面图（据《Colour Scheme for the Flower Garden》改绘,Gertrude Jekyll, 1983）

之后还需要移植和分株。如翠雀在夏季花期结束时，就要将它们修剪至适当的高度以使它们的茎秆可以支撑住蔓延过来的铁线莲等。另外，盆栽的百合等也会适时补充进植物之间的空隙中。花境景观效果、平面图见图4-5。

图4-5b 曼斯特德伍德花园中的花境效果
（引自《Colour Scheme for the Flower Garden》, Gertrude Jekyll, 1983）

花境中的植物种类主要有：丝兰*Yucca filamentosa*、麝香百合*Lilium longiflorum*、红花蚊子草*Filipendula rubra*、心叶岩白菜*Bergenia cordifolia*、乳白风铃草*Campanula lactiflora*、紫菀*Aster shortii*、大丽花、美人蕉、火炬花、翠雀、金鱼草、非洲万寿菊、鸡冠花、翠雀等。

4.6 西辛赫斯特城堡中的紫色花境

西辛赫斯特城堡（Sissinghurst Castle）花园中的每个部分都有很长的观赏期，使得这个花园在肯特（Kent）非常著名。花园由维塔·萨克维尔韦斯特（Vita Sackville-West）和她的丈夫哈罗德·尼科尔森（Harold Nicolson）先生建造。花园中有完美的分区，有白色园、上庭和下庭、月季园、村舍花园、药草园和果园等。位于上庭的紫色花境更为独特，体量也较大，约有5m宽。

这个花境的主要特点有：①独特的色彩。这个花境可能是第一个运用紫色系的花境。在室内和室外，红色、黄色、绿色、蓝色都较常见，唯独紫色少见。而在花园中大胆尝试紫色显得更为独特，其中植物种植从浅紫、紫再到蓝紫，还穿插了少量银色叶子植物。所以即便是在晴天，上午时分正值花园开放的时候，紫色的花境看起来也是朦胧忧郁的。独特的色彩及忧郁的气质也许正是维塔选择紫色花境的原因。②规则式框架，自然式种植。花境以规则的墙体为背景，运用了很多的花卉团块，团块尺度变化较大，靠近花境后部团块面积较大，约在5~10m^2不等，而前面的团块较少，约在0.8~2m^2之间。团块的这种大小变化差异显得种植更为自然。环境平面图、花境景观效果、花境平面图见图4-6a、4-6b、4-6c。

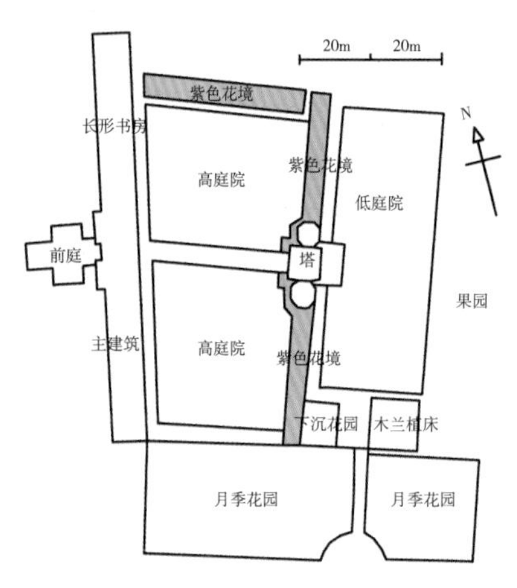

图4-6a　西辛赫斯特城堡中的花境环境平面图
（据《Gardening at Sissinghurst》，Tony Lord, 1995改绘）

图4-6b　西辛赫斯特城堡中的花境效果
（引自《Best Borders》，Tony Lord, 1995）

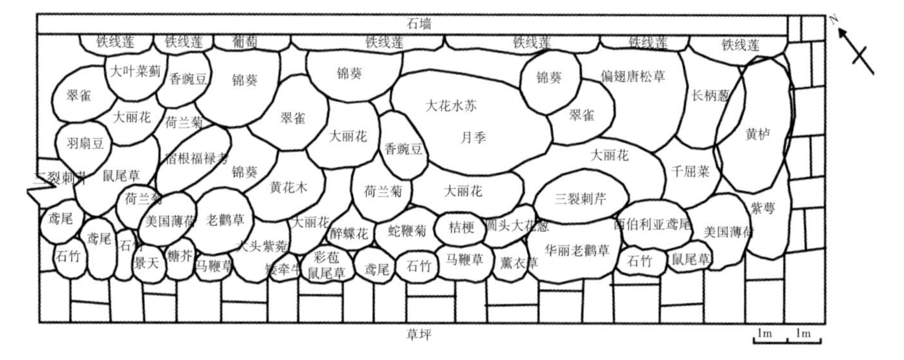

图4-6c　西辛赫斯特城堡花园中的花境平面图
（引自《Best Borders》，Tony Lord, 1995）

花境中的植物种类主要有：大花水苏*Stachys macrantha*、偏翅唐松草*Thalictrum delavayi*、长柄葱*Allium stipitatum*、醉蝶花*Cleome hassleriana*、三裂刺芹*Eryngium × tripartitum*、西伯利亚鸢尾*Iris sibirica*、薰衣草*Lavandula angustifolia*、蛇鞭菊*Liatris spicata*、宿根福禄考*Phlox paniculatta*、桔梗*Platycodon grandiflorus*、荷兰菊、铁线莲、大丽花、鸢尾、千屈菜、美国薄荷、月季、鼠尾草等。

4.7 布莱肯布鲁花园的三段式花境

布莱肯布鲁（Brackenbrough）花园的花境是由杰基尔设计的，位于英国西北部的坎布里亚郡（Cumbria）。花境规模宏大，长约90m之多，主要分为3个部分，其中许多的植物团块的长度达6~7.5m。

这个花境的主要特点有：①花境各个部分独立完整。花境基本分成三段，每个部分都独立形成完整的景观，尽管每个部分很少融入到相邻的部分。但对于现代园艺者来说有着特别的借鉴意义，它说明了在一个花境中如何展示多个主题。②花境各个部分以色彩为主题。花境的第一部分主要是冷色系，呈亮蓝色、白色和黄色，植物包括翠雀、鼠尾草、水苏、紫菀等；第二部分偏暖色系，呈深黄色、橙色、红色等，植物包括黑心菊、向日葵、美国薄荷、万寿菊、蜀葵等；第三部分的色彩基本与第一部分相似，偏冷色系，呈白色、浅粉色、亮蓝色，但在植物选择上有些不同，植物包括大丽花、蓍草、牛舌草、毛地黄、翠雀等。③应用粗质感的竖线条植物作为花境的焦点。丝兰、玉米、蜀葵在花境中的较长区域里大量应用，形成节奏韵律感强的焦点。而且因为其中很少应用灰色植物，所以整个景观效果更为清亮。④自然的营造花境框架。这个花境与多数经典的花境不同，没有深色紫杉绿篱作为背景，而是断续地种植了岩白菜和蒲包花组团，在花境各个部分的开始与结尾处都以大量的岩白菜和蒲包花属作为围合，为它们后面的植物团块提供了必要的框架。花境景观效果、花境平面图见图4-7a、4-7b。

图4-7a　布莱肯布鲁花园的花境效果（引自《the Gardens of Gertrude Jekyll》, Richard Bisgrove, 1992）

花境中的植物种类主要有：丝兰、大丽花、金光菊*Rudbeckia laciniata*、向日葵、玉米、非洲万寿菊、岩白菜、蒲包花、金鱼草、蓝刺头、紫菀、天竺葵、香根鸢尾*Iris pallida*、奥氏刺芹*Eryngium × oliver*等。

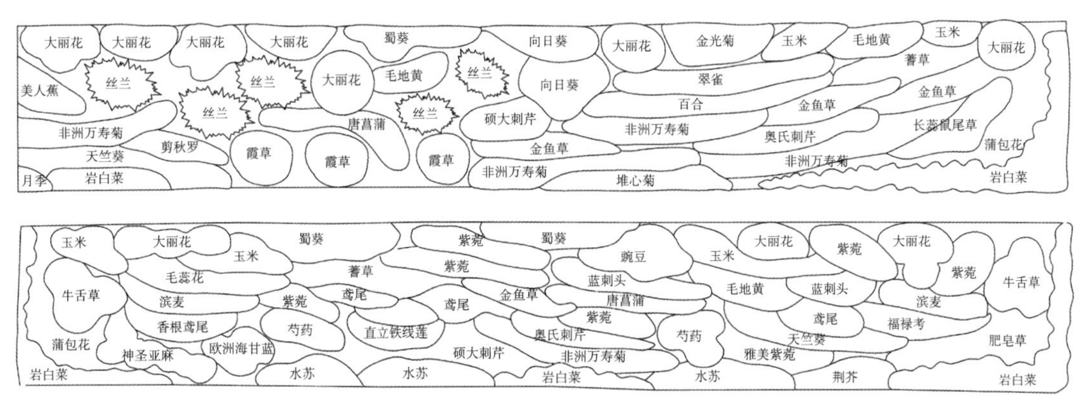

图4-7b　布莱肯布鲁花园的三段式花境平面图
（据《the Gardens of Gertrude Jekyll》改绘, Richard Bisgrove, 1992）

花境设计

第五章
花境应用设计实践

5.1 花境设计程序

花境设计的程序或步骤没有硬性的统一规定，各个设计师的做法或有不同。但对初涉者来说，可以按照一定的程序进行，下面则以混合花境为例介绍花境设计的基本程序。

(1) 现场调研

通过现场调研，设计师需要了解花境所在的环境，包括光照、土壤、温度、湿度、现存植物、甲方的要求等多方面的内容，并在图纸上将花境的环境特点一一标注清楚，这些资料都会为后期的设计提供支撑。

(2) 确定花境的主题、风格或类型

根据现状分析，考虑花境与环境的结合，进行立意构思，确定花境的主题、风格或类型等，构想花境的预期景观效果。

(3) 确定花境种植床的范围

在图纸上按一定比例画出花境种植床的外轮廓，并要表示清楚花境的周边环境及需要保留的现状植物等，注意花境种植床应与周边环境紧密结合，可直可曲，可规则可不规则，切忌不管周边环境孤立存在。如花境的背景处是否有自然的树丛或是现存的墙体，前缘是草坪或是道路都应如实绘制。

(4) 设计花境的骨架

混合花境的骨架通常由灌木、小乔木组成，有些还在三角架、藤架上攀援植物或置石来形成骨架。骨架的作用主要有两个，一是增加花境的立面层次，另一个是保持相对持久的景观，并易于管理。在花境设计时，应先在图纸上绘制出骨架的位置，骨架植物可在花境中多次出现，在花境前景、中景及背景处都可以，散布于整个花境中。骨架植物的选择非常重要，一般选择较矮小的或是生长速度慢的小乔木或灌木，要考虑小乔木和灌木成熟时的尺度是否适合于这个花境。在花境中配置灌木除了观赏其自身特性以外，还是花境中最优良的骨架植物，所以在进行

混合花境设计时，最先将灌木在花境的位置确定下来，为整个花境提供骨架，然后再配置不同季节的花卉。

（5）配置宿根花卉、观赏草及主要的一二年生花卉

根据花境的主题，选出主要的植物种类，确定平面团块的组合方式，再按比例画出重要的表现主题的水平线条、竖线条和独特姿态（花头）的宿根花卉组群，这样的组群可重复出现，约占整个花境面积的2/3。之后再画出较次要的组群，如配景的宿根花卉、观赏草及一二年生花卉等。其中要考虑植物的季相、高矮等因素。团块可以是飘带形的也可以是不规则形的。但不能出现尖角，因为植物组群是很少形成尖角的。

（6）配置补充的一二年生花卉、球根花卉等

在已经绘制好的组团旁边的一些空隙处布置一些能自播繁衍的一二年生花卉或是球根花卉等，增加层次和季相的变化。

（7）检查整个设计并进行适当的调整

回顾花境的目标、主题以及预期的景观效果，在立面、色彩、季相、植物团块大小等各个方面检查整个花境设计，对不适合的局部进行微调。

5.2 花境设计图的表达

花境设计图需要将花境的设计构思以及预期的景观效果直观地表现出来。所以花境设计图的内容一般包括花境所在的环境平面图、花境的平面图、立面图、效果图、植物名录以及设计说明等几个方面。但在图面表达上，尤其是花境的平面图、立面图或效果图的表达方式有多种，可以根据设计师的习惯或喜好而定。

5.2.1 花境平面图的表达

花境平面图主要表现花境平面的整体轮廓、植物团块的布局和大小及所选的植物名称等。图面表达方式主要有黑白线图和彩色图两种。

（1）黑白线图

这种平面图的表达方式很简单，用铅笔或墨线笔画出各个植物团块的外轮廓，外轮廓可以用平滑的曲线表示，也可根据植物组团不规则的外边缘抽象成曲线或折线来表示。之后，标注出植物名称，植物名称可直接标注在植物团块中（图5-1a），也可用阿拉伯数字标注在团块中，并在平面图旁边依据数字序号附上植物名称列表（图5-1b）。

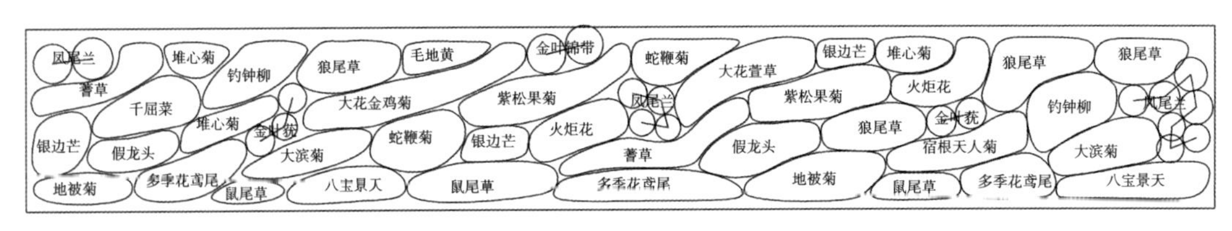

图5-1a 平滑曲线表示植物团块，直接标注植物名称

1.多季花鸢尾	2.凤尾兰	3.紫松果菊	4.圆柏	5.针茅
6.宿根天人菊	7.银边芒	8.‘洒金’柏	9.千屈菜	10.八宝景天
11.鼠尾草	12.假龙头	13.蓍草	14.黑心菊	15.狼尾草
16.地被菊	17.蛇鞭菊			

图5-1b 平滑曲线表示植物团块，数字标注附名称列表

（2）彩色图

彩色图是在绘制好黑白线图的基础上，根据所选植物种类的花色用彩铅、水彩、马克笔、电脑等涂色而成，观叶植物涂成绿色。在实际表达中，一般以花境景观效果最佳的观赏季节为标准进行涂色，即对此时正值花期的植物团块涂成花朵的色彩，对正值绿期的植物团块涂成相应的绿色。

5.2.2 花境立面图或效果图的表达

花境的立面图或效果图更为直观地表现花境的预期效果，应清楚地表现植物团块在前后层次以及左右层次上的关系。图面表达方式主要有抽象轮廓线图和具象效果图两种。

（1）抽象轮廓线图

将花境中各个植物团块的外轮廓线抽象成线条图，概括性地表达出植物团块间的搭配关系，再标注出植物名称（图5-2）。整个图面上色与不上色均可，色彩可依据最佳观赏季的花色来定，即选定最佳观赏时期，对这一时期开花的植物进行涂色，不开花的植物涂成绿色。

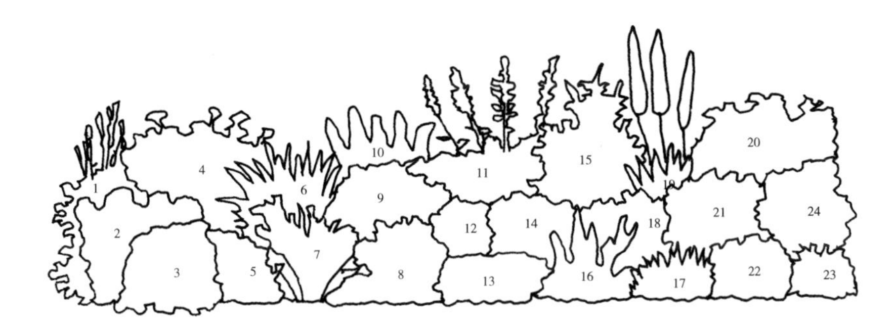

图5-2 抽象轮廓线图

（2）具象效果图

将花境中各个植物团块尽可能具象、写实的表现出来，绘画难度较大，一般会作上色处理，色彩可依据最佳观赏季的花色来定（图5-3）。

图5-3 花境具象效果图

5.2.2 花境设计图的绘制

花境设计图图面内容主要包括环境平面图、花境平面图、花境立面图、花境效果图、植物名录、设计说明、指北针、比例尺等，每一项都有基本的要求。图纸表达效果见图5-4。

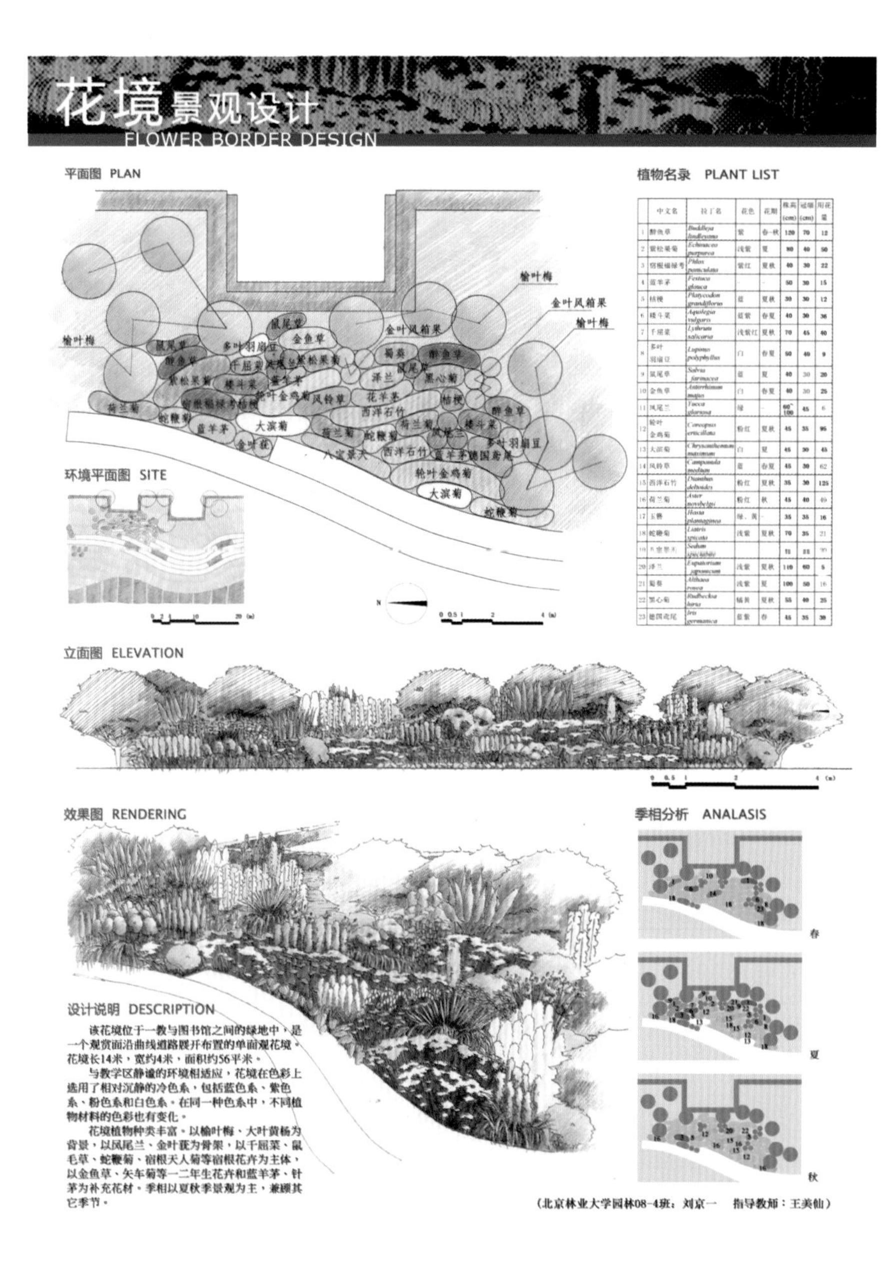

	中文名	拉丁名	花色	花期	株高(cm)	冠幅(cm)	用花量
1	醉鱼草	*Buddleja lindleyana*	紫	春-秋	120	70	12
2	紫松果菊	*Echinacea purpurea*	浅紫	夏	80	40	50
3	宿根福禄考	*Phlox paniculata*	紫红	夏秋	40	30	22
4	蓝羊茅	*Festuca glauca*	-	-	50	30	15
5	桔梗	*Platycodon grandiflorus*	蓝	夏秋	30	30	12
6	耧斗菜	*Aquilegia vulgaris*	蓝紫	春夏	40	30	36
7	千屈菜	*Lythrum salicaria*	浅紫红	夏秋	70	45	40
8	多叶羽扇豆	*Lupinus polyphyllus*	白	春夏	50	40	9
9	鼠尾草	*Salvia farinacea*	蓝	夏	40	30	20
10	金鱼草	*Antirrhinum majus*	白	春夏	40	30	25
11	凤尾兰	*Yucca gloriosa*	绿	-	60~100	45	6
12	轮叶金鸡菊	*Coreopsis erticillata*	粉红	夏秋	45	35	95
13	大滨菊	*Chrysanthemum maximum*	白	夏	45	30	45
14	风铃草	*Campanula medium*	蓝	春夏	45	30	62
15	西洋石竹	*Dianthus deltoides*	粉红	夏秋	35	30	125
16	荷兰菊	*Aster novibelgii*	粉红	秋	45	40	49
17	玉簪	*Hosta plantaginea*	绿、黄	-	35	35	16
18	蛇鞭菊	*Liatris spicata*	浅紫	夏秋	70	35	21
19	八宝景天	*Sedum spectabile*			[illegible]	[illegible]	[illegible]
20	泽兰	*Eupatorium japonicum*	浅紫	夏秋	110	60	5
21	蜀葵	*Althaea rosea*	浅紫	夏	100	50	16
22	黑心菊	*Rudbeckia hirta*	橘黄	夏秋	55	40	25
23	德国鸢尾	*Iris germanica*	蓝紫	春	45	35	30

图5-4 花境设计图（学生作业——刘京一）

（1）环境平面图

环境平面图要表达出花境所在的周边环境、花境及整体环境空间的尺度、花境朝向等。图纸比例依据整体环境大小而定，一般为1∶100～1∶500。

（2）花境平面图

花境平面图要表达出花境平面的整体轮廓及大小、植物团块的平面组合方式、各个植物团块大小及植物名称等。为了明确花境的季相效果，图面可以根据最佳观赏季的花色上色。还可以将春季、夏季、秋季分三张图上色，即季相分布图，在每个季节中，开花的植物涂上花朵的色彩，未开花或已开过的植物涂上绿色加以区分。花境平面图的图纸比例一般为1：50～1：100。

（3）花境立面图或效果图

花境立面图或效果图可以选择花境景观效果最好的时期进行绘制，是对花境预期的景观效果的直接描绘。立面图要表达出花境主要观赏面的立面层次以及植物组团间的搭配关系。效果图要表达出花境的整体三维效果。立面图图纸比例一般为1：50～1：200，但由于花卉株高相对较小，所以在实际绘图过程中，为了清晰地表现整体效果，会在高度上适当加以夸大，一般可以为实际株高的1.2～1.5倍。

（4）植物名录

植物名录中需清晰地表达出所选植物的详细信息。一般包含以下几个方面：编号、中文名、拉丁名、花色、花期、株高、冠幅、用花量等。其中，用花量为植物团块面积除以株距与行距的乘积。

（5）花境设计说明

花境设计说明可以帮助别人更好地理解设计师的创作意图，应精练地阐述花境的尺度大小、位置、主题、风格或类型、主要选用的植物种类、预期达到的景观效果以及对后期的管理养护要求等内容。

5.3 北京花境设计实践

花境设计主要是进行花境植物种类的配置，在设计之前，必须要充分掌握各个花境植物的观赏特点、生态习性，这是进行花境设计的关键和前提条件。而在实际的设计实践中，有些设计师对植物并不了解，只是依据文献中对植物花期、花色的记载来搭配植物。另外，花境展示的是植物一生的景观，所以我们只关注植物花期时的景观还远远不够，因为很多植物除了花期以外，还有其他的观赏价值。有些植物从幼苗开始就已有了较高的观赏价值，如玉簪、蓍草、八宝景天等；而有些植物在花期过后，植株不倒伏或叶子仍然可以观赏，如大花萱草、德国鸢尾、凤尾兰、蛇鞭菊等；而有些植物花期景观最好，但花后倒伏景观不良，应剪除花头，如大滨菊、钓钟柳、蓍草等。所以说，除了掌握植物花期时的特点以外，还需要掌握植物绿期时的特点。

掌握植物花前、花期、花后的景观，植物幼苗、现蕾、开花、枯萎的大致时间以及生态习性对花境设计来说非常重要。因此需要对花境植物生长过程进行动态观测，了解花境植物各个时期的观赏特点，进行合理的搭配，展现其优良景观。

5.3.1 北京适用于花境的植物种类

北京适用于花境的植物以常见的宿根花卉、灌木、观赏草以及一二年生花卉中的商品花卉占主导。以常见的商品宿根花卉为例记录它们在幼苗、现蕾、盛花、衰老等各个阶段的动态生长过程，并对植物生长过程中的高度、冠幅、二次开花特性、株形等与花境应用有关的数据进行观测记录，对它们在花境中的应用进行评价。对植物进行生长观测一方面可以筛选出北京适用于花境的植物种类，另一方面是设计师学习和掌握花境植物材料的最佳方法。

除了商品花卉以外，野生花卉是花境具有地方特色、节约、生态的一个重要途径，野生花卉花境将是花境景观的新亮点。

（1）宿根花卉

宿根花卉是花境中的主体花材，将宿根花卉按照花色即白色、黄色、红色、蓝色、杂色或多色等进行分类整理，对每种花卉的观赏期缩小至7~10天范围加以观测，而不是按月份描述花期，则更能精准地记录每种花卉的观赏特性。对每种植物的观赏期、生长变化、各阶段的景观效果等进行综合考虑，对它们在花境中的应用建议做逐一分析，为花境设计提供参考和借鉴。

A　**白色花**

对北京6个常见的开白色花的宿根花卉种或品种，‘白花’荷包牡丹、大滨菊、钓钟柳、石碱花、‘白花’松果菊、假龙头等进行生长观测。

a.‘白花’荷包牡丹 *Dicentra spectabilis* ‘Alba’

毛茛科荷包牡丹属，原产中国、日本等地。

植株外轮廓近圆球形；叶形美观似牡丹叶，花前叶色嫩绿，有较高的观赏价值；花期1个月左右，开花时最为美丽，白色总状花序顶生呈拱状，花朵垂向一边，似一个个悬垂的小铃铛；花后植株不易倒伏，但却易感染病虫害而干枯，若防治得当，叶的观赏期较长，能持续5个月。其生长曲线及各阶段的景观效果见图5-5。在花境应用中，‘白花’荷包牡丹以独特姿态及早开的独特花头为主，适宜在花境的前景、中景处应用。

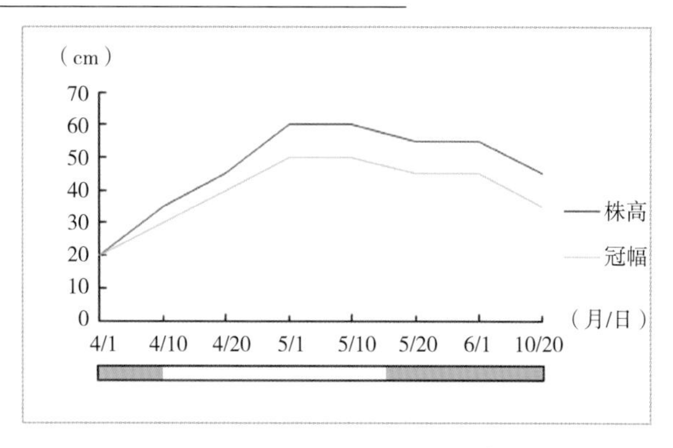

图中绿色表示绿期，白色表示花期（下同）

图5-5 ‘白花’荷包牡丹生长观测图

b. 大滨菊 *Chrysanthemum maximum*

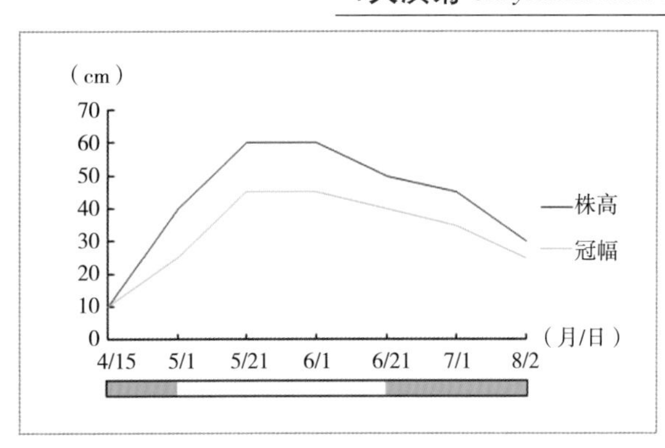

菊科菊属，原产西欧。

植株外轮廓近方形；基生叶倒披针形具长柄，茎生叶无柄、线形，在花前具有较高观赏价值；花期时景观最佳，头状花序单生于茎顶，舌状花白色，管状花黄色，有香气，花朵非常漂亮；但花后整个植株较快枯萎，后期易倒伏，失去观赏价值。其生长曲线及各阶段的景观效果见图5-6。在花境中，主要表现水平线条。因花后植株很快倒伏，因此不宜种植在花境最前缘，且种植团块不宜过大。它适宜在花境的中景处应用，前面可配置绿期较长的植物团块如德国鸢尾、'金娃娃'萱草、八宝景天、荷兰菊等，在它花后可被适度遮挡。

图5-6 大滨菊生长观测图

c.钓钟柳 *Penstemon campanulatus*

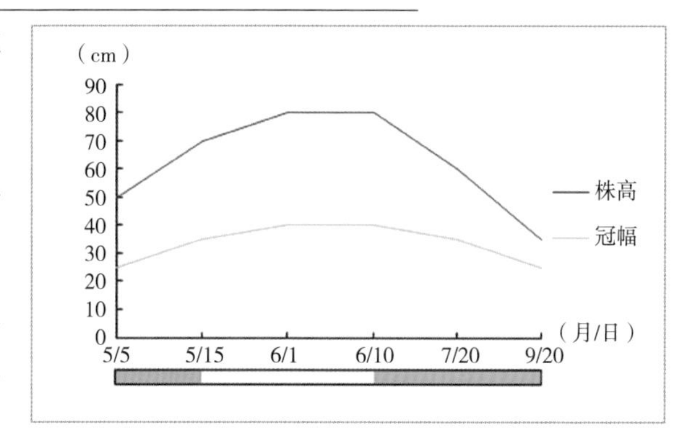

玄参科钓钟柳属，原产墨西哥及危地马拉。

植株外轮廓近三角形；叶丛莲座状，基生叶卵形，茎生叶披针形，花前有一定观赏价值；花期时景观最佳，圆锥形花序，花冠筒状唇形；花后花茎逐渐干枯倒伏，如不剪除会影响整个植株的观赏价值，一旦将花茎剪除，则基生叶可保持绿期长久。其生长曲线及各阶段的景观效果见图5-7。在花境中，主要表现竖线条，因花期后经过修剪绿期较长，适宜在花境的前景、中景处应用。

图5-7 钓钟柳生长观测图

d.石碱花 *Saponaria officinalis*

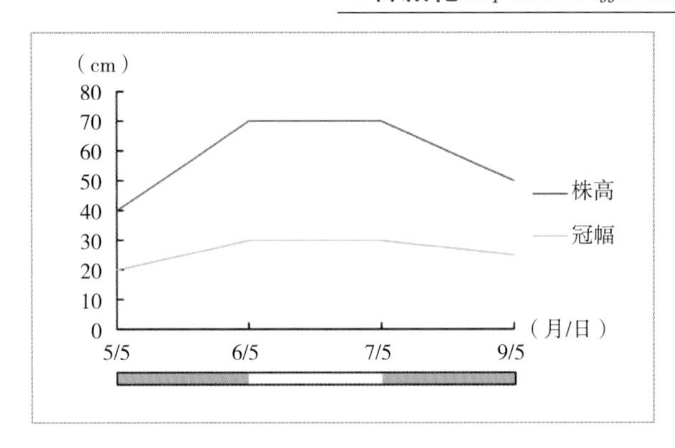

石竹科肥皂草属，原产欧洲、西亚、中亚及日本等地。

植株外轮廓近方形；叶椭圆状披针形，对生，花前有一定观赏价值；花期时景观最佳，顶生聚伞花序；但花后植株极易倒伏，失去观赏价值，应提前设计支撑或在花后立即进行适当修剪。其生长曲线及各阶段的景观效果见图5-8。在花境中，主要作为独特花头植物在花境的中景处应用。

图5-8 石碱花生长观测图

e.‘白花’松果菊 *Echinacea purpurea* 'Alba'

菊科松果菊属，原产美国中部地区。

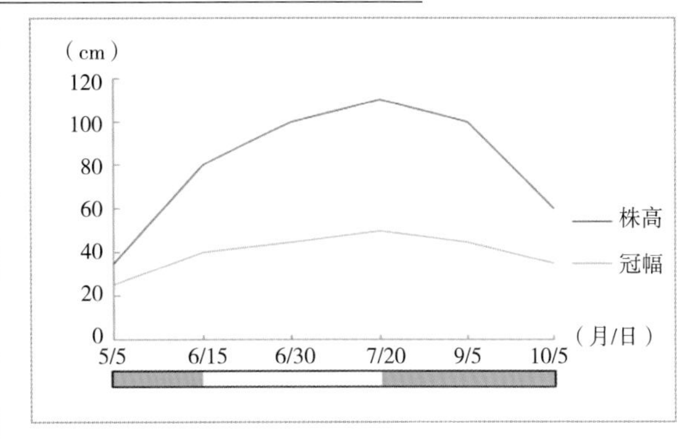

植株外轮廓近方形，质感较粗糙；茎直立，基生叶卵形或三角形，茎生叶卵状披针形，花前有一定观赏价值；花期时景观最佳，头状花序单生于枝顶，白花黄心，花期较长；花后长果，具有观赏性，后期植株有轻微倒伏现象，应提前设计支撑。其生长曲线及各阶段的景观效果见图5-9。在花境中，主要作为独特花头植物在花境的中景、后景处应用。

图5-9 ‘白花’松果菊生长观测图

f.假龙头 *Physostegia virginiana*

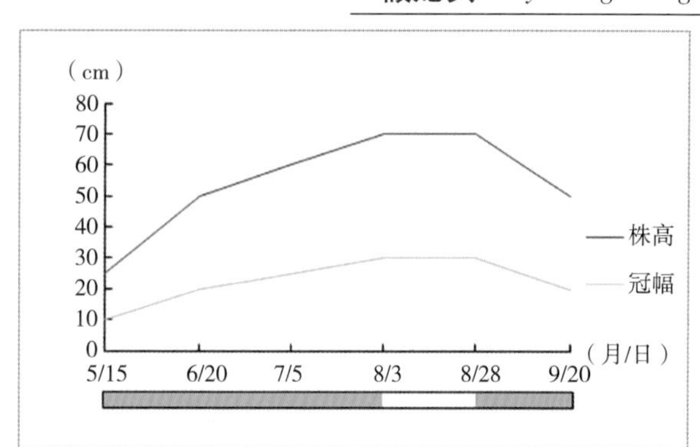

唇形科假龙头属，原产北美洲。

植株近高三角形；茎直立，四方形；叶对生，披针形，叶缘有细锯齿，花前有较高观赏价值；花期时景观最佳，穗状花序，唇形花冠，花序自下端往上逐渐绽放；花后长果，具有一定的观赏价值，花后期植株会倒伏，应设计支撑。其生长曲线及各阶段的景观效果见图5-10。在花境中，主要表现竖线条，适宜在花境的中景、后景处应用。

图5-10　假龙头生长观测图

B　黄色花

对4个北京常见开黄色花的宿根花卉的种或品种，包括‘皇冠’蓍草、大花金鸡菊、金光菊、毛果一枝黄花等进行生长观测。

a.‘皇冠’蓍草 *Achillea* ‘Coronation Gold’

菊科蓍草属，原产东亚、西伯利亚及日本等地。

植株外轮廓近圆形；茎直立，叶互生，似羽毛状，花前有较高观赏价值；花期时景观最佳，头状花序伞房状着生；花后生瘦果，具有一定观赏性，但后期花茎干枯，上部逐渐倒伏，如不剪除花茎，则会影响整个植株的观赏价值，一旦花后就将花茎剪除，则叶子可保持绿期长久。其生长曲线及各阶段的景观效果见图5-11。在花境中，主要作为独特花头及水平线条植物应用，适合种植于花境的中景处。

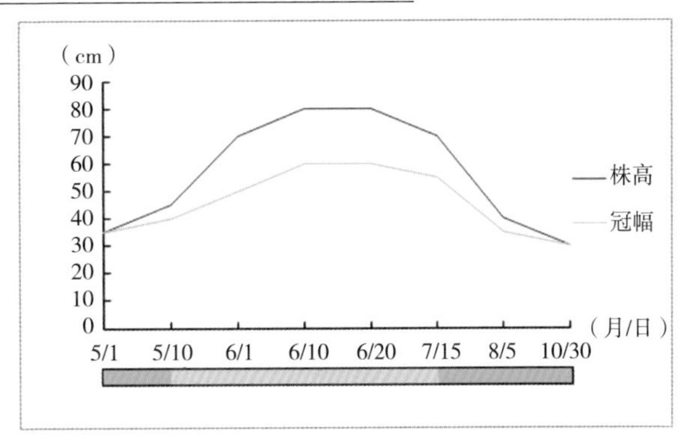

图中绿色表示绿期，黄色表示花期（下同）

图5-11　‘皇冠’蓍草生长观测图

b.大花金鸡菊 *Coreopsis grandiflora*

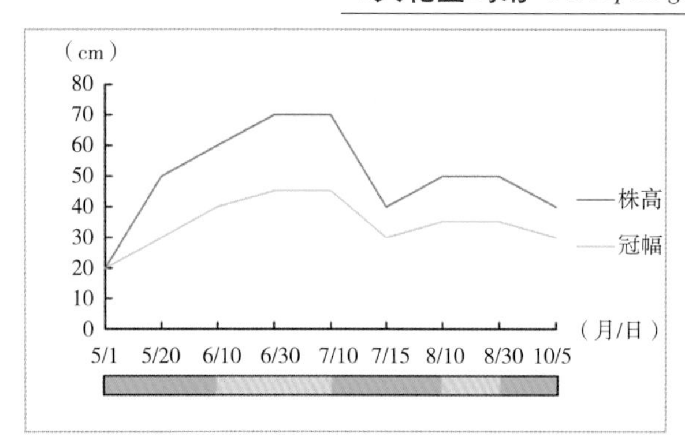

菊科金鸡菊属，原产美国南部。

植株外轮廓近高方形；茎直立多分枝；基生叶和部分茎下部叶披针形或匙形，在花前有一定观赏价值；花期时最为美丽，一片金黄，头状花序；花期过后，进行中度修剪可二次开花，以延长花期，二次花期过后植株会倒伏。其生长曲线及各阶段的景观效果见图5-12。在花境中，主要作为独特花头及高水平线条植物应用，适宜种植于花境的中景处。

图5-12　大花金鸡菊生长观测图

c.金光菊 *Rudbeckia laciniata*

菊科金光菊属，原产加拿大、美国等地。

植株外轮廓近高方形；枝叶较粗糙，且多分枝，叶片较宽且厚，基部叶羽状分裂，在花前有一定观赏价值；花期时景观最佳，头状花序，黄色；花期过后应进行修剪或提前设立支撑以保证良好景观，否则植株会轻微倒伏。其生长曲线及各阶段的景观效果见图5-13。在花境中，主要作为独特花头植物在花境的中景、后景处应用。

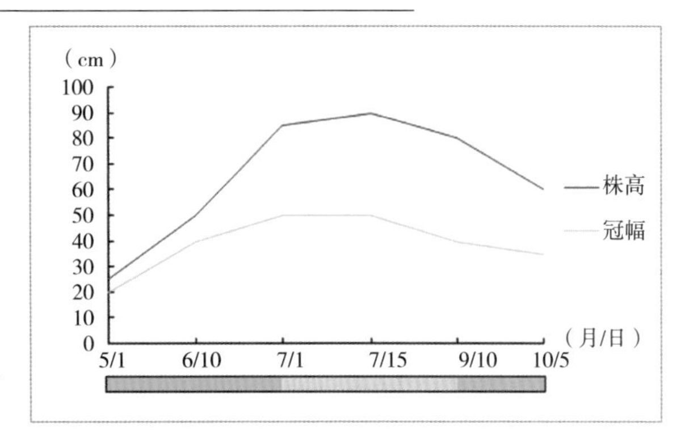

图5-13　金光菊生长观测图

d.毛果一枝黄花 *Solidago virgaurea*

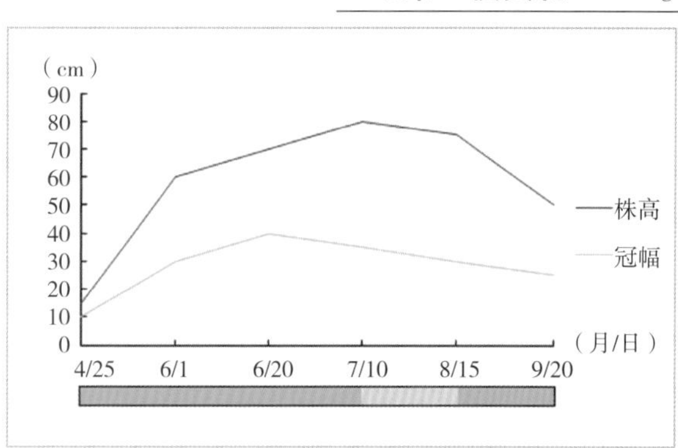

菊科一枝黄花属，原产北半球、欧洲。

植株外轮廓近高三角形；茎直立，分枝少；单叶互生，卵圆形、长圆形或披针形，在花前有一定观赏价值；花期时景观最佳，头状花序聚成总状或圆锥状，黄色；花期过后可进行中度修剪，一方面防止花后倒伏，另一方面可二次开花，但第二次开花的效果要次于第一次花期景观。其生长曲线及各阶段的景观效果见图5-14。在花境中，主要表现竖线条，适宜种植于花境的后景处。

图5-14　毛果一枝黄花生长观测图

C　红色花

对北京常见的12个开红色花的宿根花卉的种或品种，包括芍药、千叶蓍、美丽飞蓬、宿根天人菊、宿根福禄考、火炬花、落新妇、红花钓钟柳、美国薄荷、千屈菜、紫松果菊、八宝景天等进行生长观测。

a.芍药 *Paeonia lactiflora*

芍药科芍药属，原产中国、日本等地。

植株外轮廓近圆球形。初生嫩叶红色，中部复叶二回三出，在花前具有较高观赏价值；花期时花大且美，有芳香，花生枝顶或生于叶腋；花后长果，有一定的观赏性，也可去除残花及果，保持叶的观赏性。花期较短，但绿期较长，且花后植株不易倒伏。其生长曲线及各阶段的景观效果见图5-15。在花境中，主要作为独特花头及观叶植物应用，适宜种植于花境的前景、中景处。

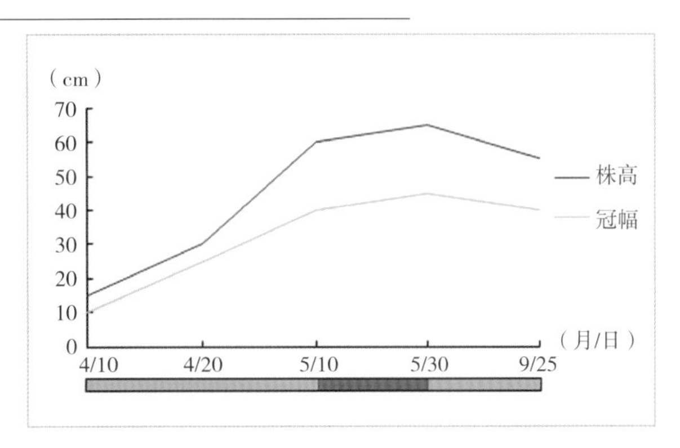

图中绿色表示绿期，红色表示花期（下同）

图5-15　芍药生长观测图

b.剪秋罗 *Lychnis cognata*

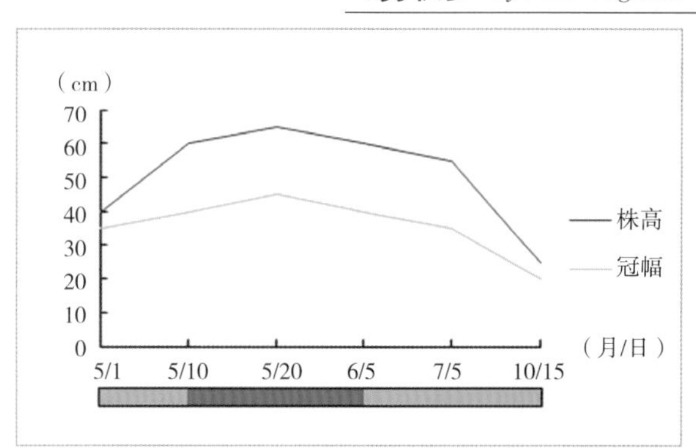

石竹科剪秋罗属，原产中国。

植株外轮廓近圆球形；茎单生，直立；叶矩圆形，在花前有一定观赏价值；花期时景观最佳，花瓣5，深紫红色；花后长蒴果褐色，似天然的干花，具有观赏价值，后期败落，可将花茎剪除，叶子的绿期很长。其生长曲线及各阶段的景观效果见图5-16。在花境中，主要作为独特花头植物种植于花境的前景处。

图5-16　剪秋罗生长观测图

c.千叶蓍 *Achillea millefolium*

菊科蓍草属，原产东亚、西伯利亚及日本等地。

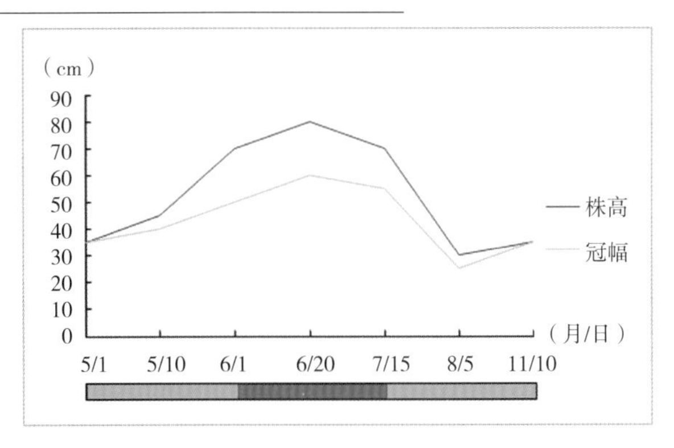

植株外轮廓近圆形；茎直立，叶互生，似羽毛状，花前有较高观赏价值；花期时景观最佳，头状花序伞房状着生；花后生瘦果，具有一定观赏性，但后期花茎干枯，上部逐渐倒伏，应将花茎剪除，可以保持基部叶的良好景观，仍然具有观赏价值。其生长曲线及各阶段的景观效果见图5-17。在花境中，主要作为独特花头及水平线条植物应用，适宜种植于花境的中景处。

图5-17　千叶蓍生长观测图

d.宿根天人菊 *Gaillardia aristata*

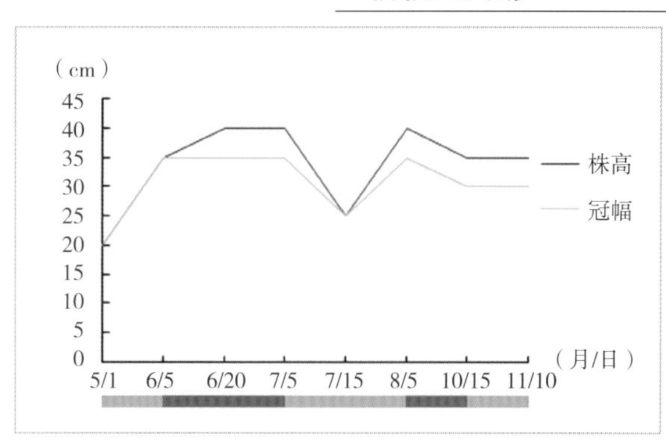

菊科天人菊属，原产北美洲西部。

植株外轮廓近圆球形；叶互生，全缘至波状羽裂，基部叶匙形，上部叶披针形，花前有一定观赏价值；花期时景观最佳，头状花序单生于茎顶，开花不一致，连续不断，花形花色存有少量变异；花后中度修剪可二次开花，花期很长，可一直延续至秋季。其生长曲线及各阶段的景观效果见图5-18。在花境中，主要表现水平线条，适宜种植于花境的前景、中景处。

图5-18　宿根天人菊生长观测图

e.宿根福禄考 *Phlox paniculata*

花荵科福禄考属，原产北美洲。

植株外轮廓近方形；茎直立，叶呈十字形对生，花前有一定观赏价值；花期时景观最佳，开花繁茂，塔形圆锥花序顶生，花期较长；花后植株不易倒伏，有一定观赏价值。其生长曲线及各阶段的景观效果见图5-19。在花境中，主要作为独特花头植物应用于花境的前景、中景处。

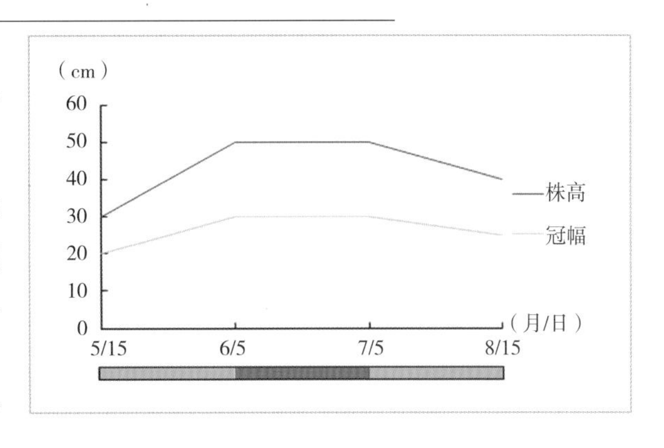

图5-19　宿根福禄考生长观测图

f. 火炬花 *Kniphofia uvaria*

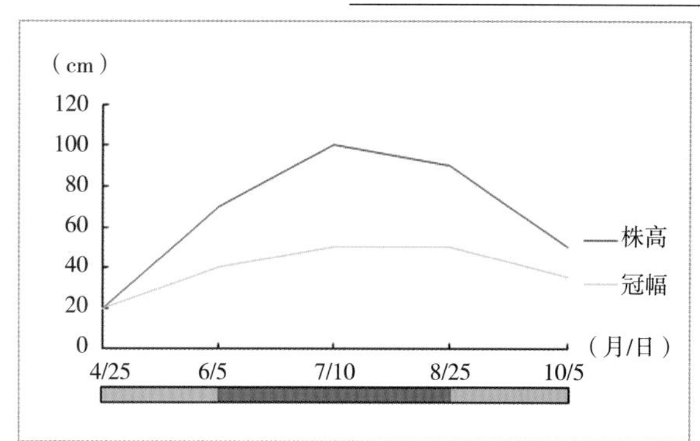

百合科火炬花属，原产南非。

植株外轮廓近高三角形；茎直立；叶线形，花前具有较高观赏价值；花期时景观最佳，总状花序着生数百朵筒状小花呈火炬形，花冠橘红色，开花不一致，花期较长；花后植株不易倒伏，但后期叶子比较凌乱，应适当修剪疏叶，并剪除花茎以保持叶子的观赏价值。其生长曲线及各阶段的景观效果见图5-20。在花境中，主要表现竖线条，适宜种植于花境的中景、后景处。

图5-20　火炬花生长观测图

g.红花钓钟柳 *Penstemon barbatus*

玄参科钓钟柳属，原产美国及墨西哥。

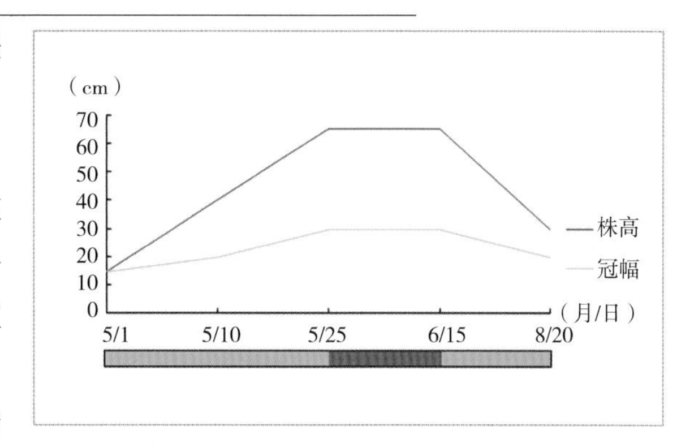

植株外轮廓近高三角形；茎直立；单叶，对生或基生，披针形、线形，在花前有一定观赏价值；花期时茎上开满一朵朵小红花，总状花序，远看朦胧一片红色，轻盈美丽；花后长蒴果，有观赏性，后期植株会倒伏，应提前做好支撑或花后适当修剪，以保证基部叶的景观。其生长曲线及各阶段的景观效果见图5-21。在花境中，主要表现竖线条，适宜种植于花境的中景处。

图5-21　红花钓钟柳生长观测图

h.美国薄荷 *Monarda didyma*

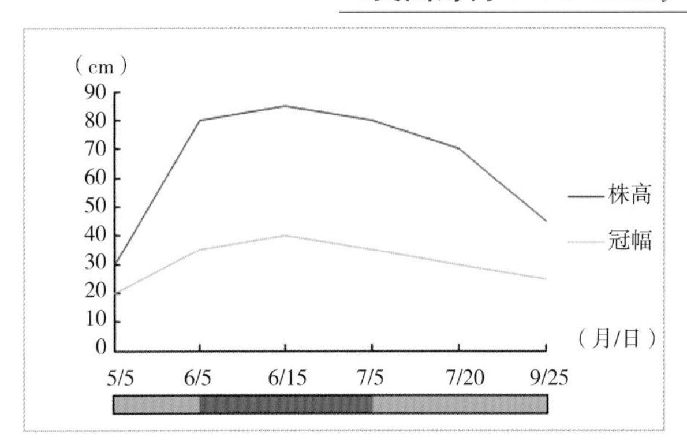

唇形科美国薄荷属，原产北美。

植株外轮廓近高方形；茎直立，四棱形；叶对生，质薄，在花前有一定观赏价值；花期时景观最佳，在茎上部的叶腋内集生数花；花后长果，具有一定观赏性。但花后植株极易倒伏，应提前做好支撑。其生长曲线及各阶段的景观效果见图5-22。在花境中，主要作为独特花头及高水平线条植物应用，适宜种植于花境的中景、后景处。

图5-22　美国薄荷生长观测图

i.千屈菜 *Lythrum salicaria*

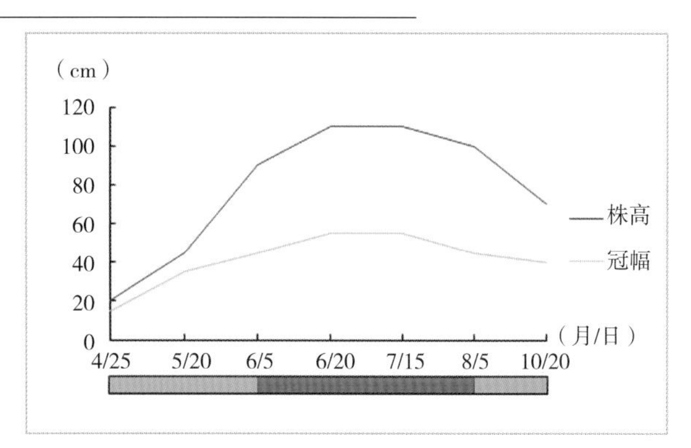

千屈菜科千屈菜属，原产欧洲、亚洲。

植株外轮廓近高三角形；茎直立；叶对生或轮生，披针形，初生嫩叶紫红色，花前有较高观赏价值；花期时景观最佳，开花繁茂且不一致，长穗状花序顶生，多而小的花朵密生于叶状苞腋中，紫红色；花后轻度修剪，花枝顶端可二次开花，而花枝下部的花朵还会陆续开放，花期较长，但没有前期开花繁盛。后期植株会轻微倒伏，可提前设立支撑。其生长曲线及各阶段的景观效果见图5-23。在花境中，主要表现竖线条，适宜种植于花境的中景、后景处。

图5-23 千屈菜生长观测图

j. 堆心菊 *Helenium autumnale*

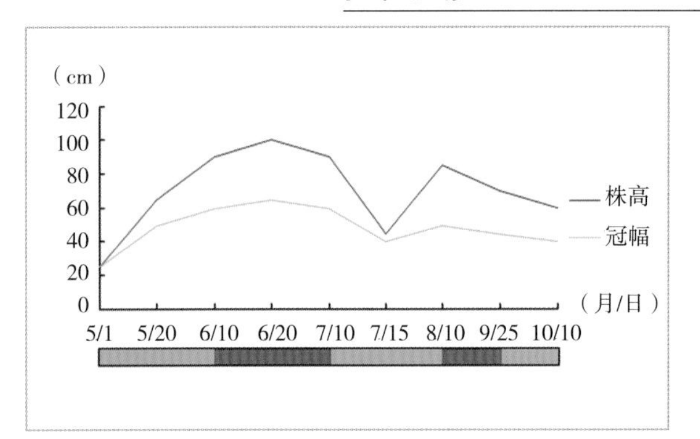

菊科堆心菊属，原产北美。

植株外轮廓近高方形；叶阔披针形，枝叶质感较粗糙，在花前有一定观赏价值；花期时景观最佳，头状花序生于茎顶，舌状花橘红色，花瓣阔，先端有缺刻；花后轻度修剪可二次开花，但开花效果次于第一次花期，后期植株会轻微倒伏，应设计支撑。其生长曲线及各阶段的景观效果见图5-24。在花境中，主要作为独特花以及高水平线条植物应用，适宜种植于花境的中景、后景处。

图5-24 堆心菊生长观测图

k.紫松果菊 *Echinacea purpurea*

菊科紫松果菊属，原产北美洲。

植株外轮廓近方形，质感较粗糙；茎直立，基生叶卵形或三角形，茎生叶卵状披针形，花前有一定观赏价值；花期时景观最佳，头状花序单生于枝顶，紫红色花褐色花心，花期较长；花后轻度修剪，可二次开花，花后长果，具有观赏性，后期植株有轻微倒伏现象，可设支撑。其生长曲线及各阶段的景观效果见图5-25。在花境中，主要作为独特花头植物应用于花境的中景、后景处。

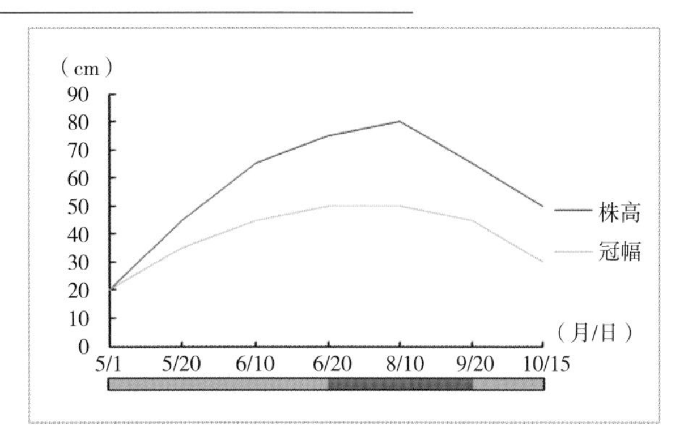

图5-25 紫松果菊生长观测图

1. 八宝景天 *Sedum spectabile*

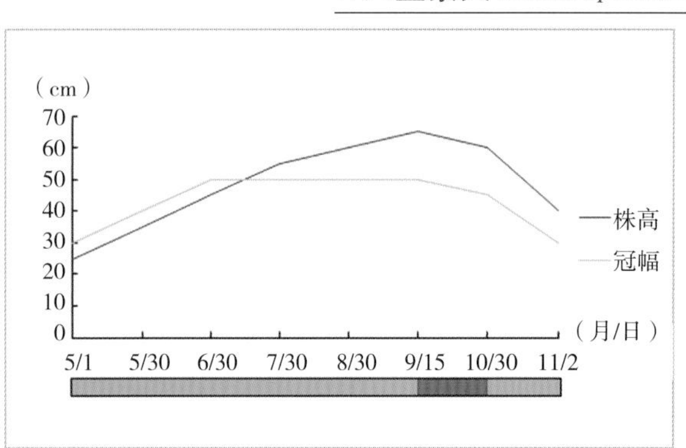

景天科景天属，原产中国。

植株外轮廓近圆球形；茎粗壮而直立，全株略被白粉，呈灰绿色；叶轮生或对生，倒卵形，肉质，具波状齿，花前具有较高的观赏价值；花期时景观优良，伞房花序密集如平头状；花后植株不易倒伏，具有观赏性。绿期很长，开花较晚，是良好的夏秋种类。其生长曲线及各阶段的景观效果见图5-26。在花境中，主要表现水平线条，因其绿期长，开花晚，植株不高，适合种植于花境的前景、中景处。

图5-26 八宝景天生长观测图

D　蓝色系花

对北京常见的9个开蓝色花的宿根花卉种或品种，包括林荫鼠尾草、‘六座大山’荆芥、西伯利亚鸢尾、‘初恋’桔梗、蓝盆花、风铃草、‘皇家蜡烛’婆婆纳、藿香、荷兰菊等进行生长观测。

a.林荫鼠尾草 *Salvia nemorosa*

唇形科鼠尾草属，原产北美。

植株外轮廓近三角形，丛生状；叶对生，长椭圆形，灰绿色，花前具有较高观赏价值；花期时景观最佳，花序蓝色；花后中度修剪可二次开花，花期较长，花后长果，具有一定观赏价值。其生长曲线及各阶段的景观效果见图5-27。在花境中，主要表现竖线条，适宜种植于花境的前景、中景处。

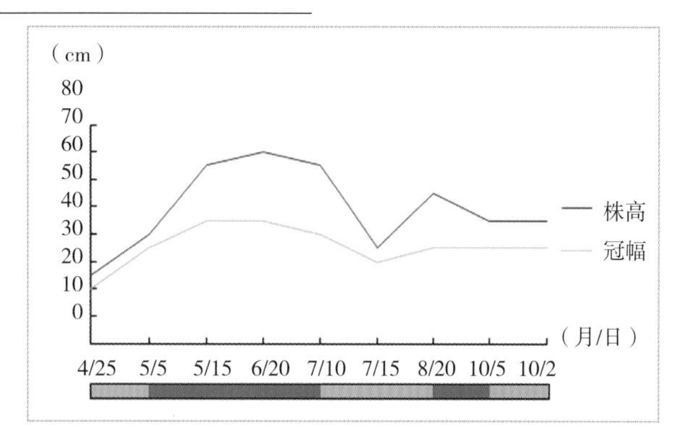

图中绿色表示绿期，蓝色表示花期（下同）

图5-27　林荫鼠尾草生长观测图

b.‘六座大山’荆芥 *Nepeta × faassenii* ‘Six Hills Giant’

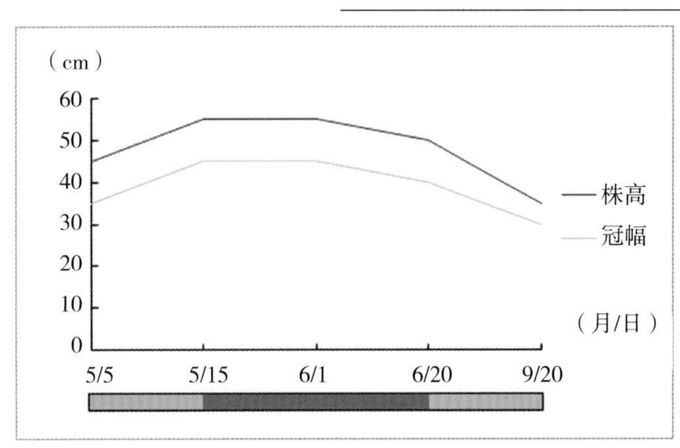

唇形科荆芥属，原产地中海。

植株紧凑，叶色呈现蓝灰色，在花前就具有较高的观赏效果；花期时蓝色花序繁盛，景观最佳；花后中度修剪可二次开花，绿期很长。其生长曲线及各阶段的景观效果见图5-28。在花境中，适宜表现竖线条或作为镶边植物，在花境的前景、中景处应用。

图5-28 ‘六座大山’荆芥生长观测图

c.西伯利亚鸢尾 *Iris sibirica*

鸢尾科鸢尾属，原产欧洲。

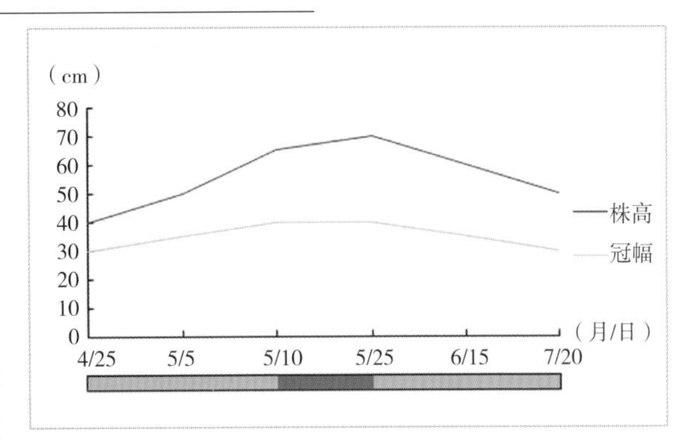

植株外轮廓近方形；叶条形，灰绿色，挺立，花前具有较高观赏价值；花期时景观最佳，花为较纯正的蓝色；花后长蒴果，植株不易倒伏，花后有观赏价值，但后期叶片会生长凌乱，应适当修剪。其生长曲线及各阶段的景观效果见图5-29。在花境中，主要作为独特花头及竖线条植物应用，适宜种植于花境的中景处。

图5-29　西伯利亚鸢尾生长观测图

d.‘初恋’桔梗 *Platycodon grandiflorus* 'Early Sentimental Blue'

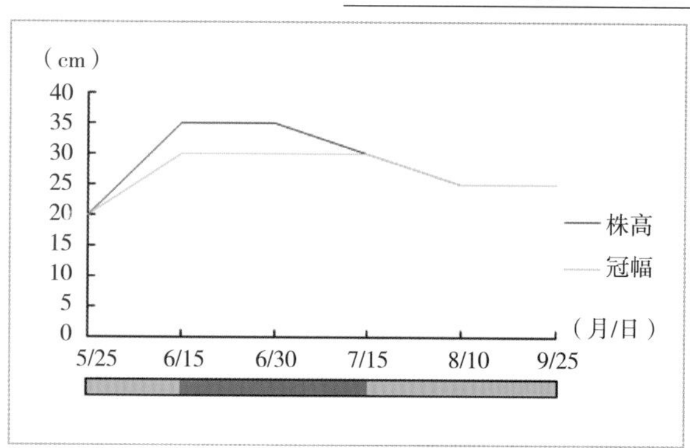

桔梗科桔梗属，原产中国、日本、朝鲜。

植株外轮廓近圆球形；叶互生或轮生，缘有齿，因植株紧凑可爱，花前具有较高观赏价值；花期时景观最佳，顶生总状花序，着花数朵，含苞时花形如僧冠，极为可爱；植株矮小，花后长果，植株不易倒伏，绿期很长，花后具有观赏价值。其生长曲线及各阶段的景观效果见图5-30。在花境中，主要作为独特花头及水平线条植物应用，适宜种植于花境的前景处。

图5-30 ‘初恋’桔梗生长观测图

e. 蓝盆花 *Scabiosa atropurea*

川续断科蓝盆花属，原产南欧。

植株外轮廓近圆球形；叶片披针形，边缘齿状，花前有一定观赏价值；花期时景观最佳，头状花序，天蓝色，极为美观；花后进行轻度修剪可二次开花，后期植株会轻微倒伏，应提前设立支撑。其生长曲线及各阶段的景观效果见图5-31。在花境中，主要表现水平线条和独特花头，适宜种植于花境的前景、中景处。

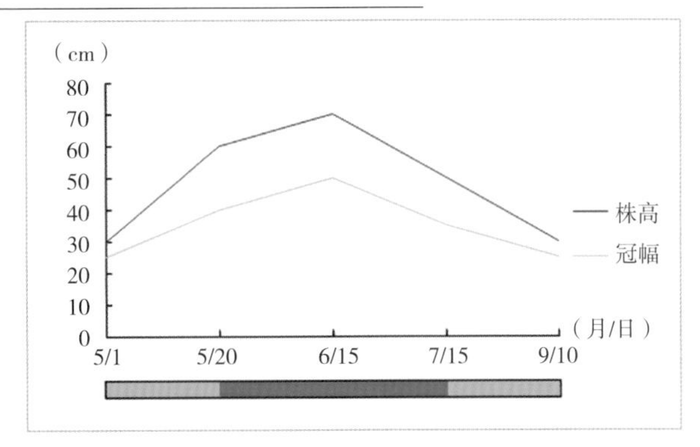

图5-31　蓝盆花生长观测图

f.风铃草 *Campanula medium*

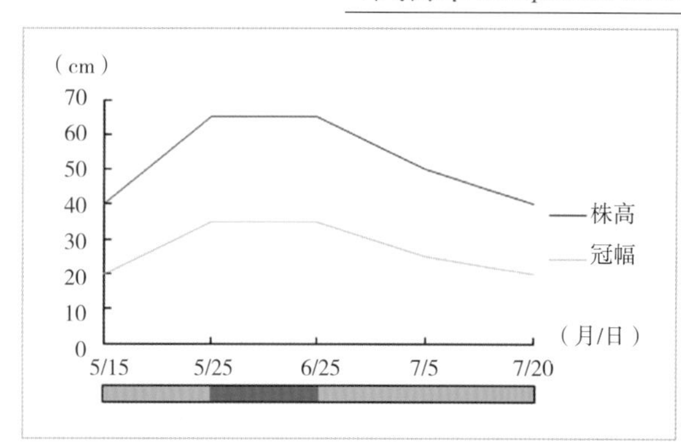

桔梗科风铃草属，原产北温带及地中海沿岸。

植株外轮廓近高三角形；茎直立；叶茎生或基生，花前有一定观赏价值；花期时景观最佳，花顶生或腋生，排列于茎上，形成一串；花后植株有倒伏现象，应提前设立支撑。其生长曲线及各阶段的景观效果见图5-32。在花境中，主要表现竖线条，适宜种植于花境的中景、后景处。

图5-32　风铃草生长观测图

g.‘皇家蜡烛’婆婆纳 *Veronica* ‘Royal Candles’

玄参科婆婆纳属，原产北欧及亚洲。

植株外轮廓近三角形；叶对生，披针形至卵圆形，花前有一定观赏价值；花期时景观最佳，顶生总状花序，花穗挺拔细长；花后剪除死花头可二次开花。其生长曲线及各阶段的景观效果见图5-33。在花境中，主要表现低矮的竖线条，适宜种植在花境的前景、中景处。

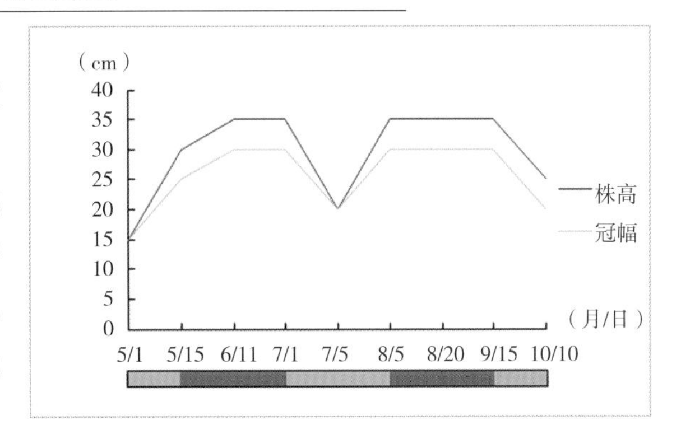

图5-33 ‘皇家蜡烛’婆婆纳生长观测图

h. 藿香 *Agastache rugosus*

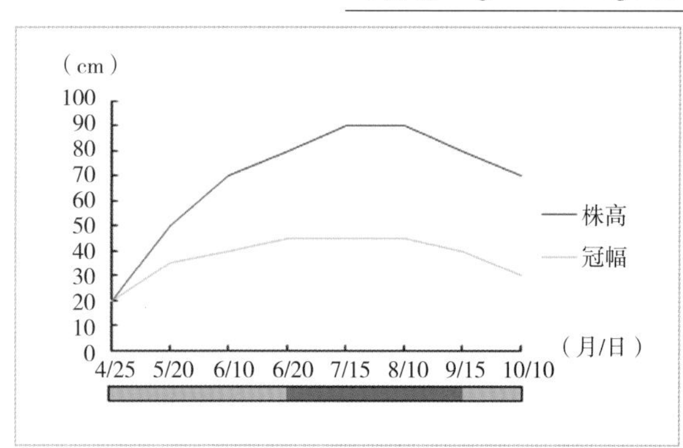

唇形科藿香属，原产中国。

植株外轮廓近高三角形，植株有香气；茎方形，直立；叶对生，心状卵形或长圆状披针形，花前有一定观赏性；花期时景观最佳，轮伞花序组成顶生的假穗状花序，淡蓝紫色，花期长；花后长果，植株不易倒伏，具有观赏价值。其生长曲线及各阶段的景观效果见图5-34。在花境中，主要表现独特花头及竖线条，适宜在花境的后景处应用。

图5-34　藿香生长观测图

i.荷兰菊 *Aster novi-belgii*

菊科紫菀属，原产北美。

植株外轮廓近圆球形；主茎直立，多分枝；叶长圆形或线状披针形，花前有一定观赏性；花期时景观最佳，头状花序单生，蓝花一片，极为美观；花后植株轻微倒伏，可设立支撑。开花较晚，是优良的秋季花境植物。其生长曲线及各阶段的景观效果见图5-35。在花境中，主要表现水平线条及独特花头，适宜在花境的中景、后景处应用。

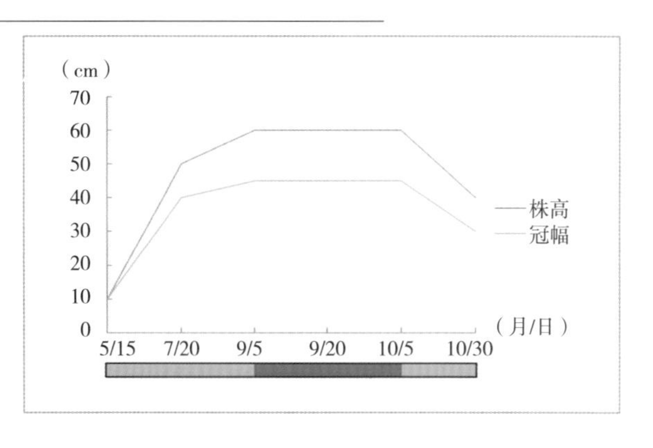

图5-35　荷兰菊生长观测图

E 杂色

对3个北京常见的开杂色花或多个花色的种或品种，包括蜀葵、萱草、楼斗菜等进行生长观测。

a. 蜀葵 *Althaea rosea*

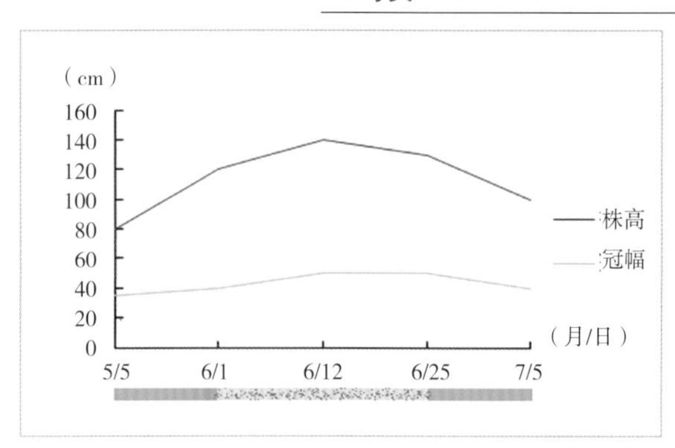

图中绿色表示绿期，彩色表示花期（下同）

锦葵科蜀葵属，原产中国四川。

植株外轮廓近高三角形，植株挺立；叶质感粗糙，花前有一定观赏价值；花期时景观最佳，花朵在整个花茎上开放，花色丰富；花期过后，植株易倒伏，应进行修剪，一方面防止植株倒伏影响景观，保持基生叶的观赏性，另一方面防止种子脱落，自播繁殖能力过强而影响花境中其他植物种类的正常生长。其生长曲线及各阶段的景观效果见图5-36。在花境应用中，主要表现竖线条景观，适宜种植于花境的中景、后景处。

图5-36 蜀葵生长观测图

b. 萱草 *Hemerocallis fulva*

百合科萱草属，原产中国、欧洲等地。

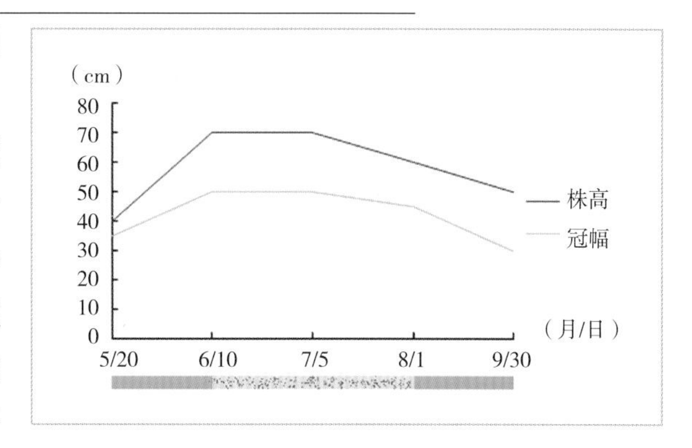

植株外轮廓近圆球形；叶基生、宽线形，花前具有较高观赏价值；花期时景观最佳，花莛细长坚挺，呈顶生聚伞花序，花大呈漏斗形；花后长果，具观赏性，但后期花茎枯萎，轻微倒伏，花后应进行修剪去除花茎，保持花后叶子的观赏性。其生长曲线及各阶段的景观效果见图5-37。在花境应用中，主要作为独特花头和观叶植物应用，适宜在花境的前景、中景处应用，用于遮挡后面其他植物的不良景观，或衬托其他少叶或绿期短的植物。

图5-37　萱草生长观测图

c.耧斗菜 *Aquilegia vulgaris*

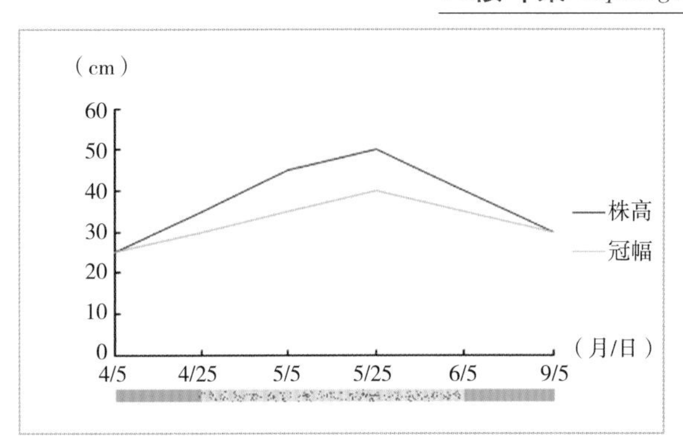

毛茛科耧斗菜属，原产欧洲和北美。

植株外轮廓近圆球形；叶形独特，复叶，小叶片圆形具缺刻，在花前有较高观赏价值；开花时景观最佳，花形独特，花朵下垂；花后长蓇葖果，花茎逐渐干枯，但叶的观赏期较长，花后植株不易倒伏，具有观赏价值。其生长曲线及各阶段的景观效果见图5-38。在花境应用中，主要表现圆丛状景观及独特花头为主。适宜在花境的前、中景处应用。

图5-38　耧斗菜生长观测图

（2）观赏草

观赏草姿态轻盈，叶色丰富，花序飘逸，极显自然野趣之美，即使在萧瑟的秋季，也能带来无限生机。而且多数观赏草对生境有较强的适应性，耐旱、耐热、耐寒。随着人们回归自然意识的深化，愈来愈认识到观赏草的应用价值，观赏草已然成为欧美等国景观建设中的宠儿（兰茜·J. 奥德诺，2004年）。近年来，观赏草在我国园林中也有一些应用，特别是在花境应用中，有些以观赏草的专类花境形式出现，有些则种植于混合花境中，与其他花卉搭配成景。

在应用观赏草时，可从植株外轮廓将它们分为丛生观赏草、匍状观赏草和直立观赏草三种类型。丛生观赏草具有从植物的轴心长出针形的直立叶片，如蓝羊茅；匍状观赏草具有从植株中部辐射长出的弧形叶片，如狼尾草；直立型观赏草指叶片强直，植株常呈圆柱状，如柳枝稷（兰茜·J. 奥德诺，2004年）。观赏草有较高的调和性，适合与多种花卉配置在一起，在花境中，一些与其他花卉不易搭配的质感较粗糙的植物如美人蕉、泽兰等，在它们旁边配置一丛观赏草就是个不错的选择。

需要特别提出的是，有些观赏草具有蔓延性，所以在花境中配置观赏草时，可通过设置壕沟或用石块、木块围挡等限制措施控制其根系的蔓延，避免影响其他植物的正常生长。观赏草的叶色多样，主要有蓝色叶、紫红色叶、斑叶、绿色叶等。其中适用于花境中的种类主要有：

A　蓝色叶观赏草

a.蓝羊茅*Festuca glauca*

植株为丛生型观赏草；株高0.3~0.5m，密丛生；叶呈蓝绿色；圆锥花序，花期5月。其生长过程见图5-39。在花境中，适宜表现圆球形丛状景观，种植于花境的前景、中景处。

图5-39　蓝羊茅生长过程

B 紫红色叶观赏草

a.红狼尾草*Pennisetum setaceum* 'Rubrum'

植株为甸状观赏草；株高0.9~1.2m，簇生；叶片弧线形、光滑，呈紫红色；圆锥花序圆柱形，直立，花、果期夏秋季。在花境应用中，主要作为特殊花头、骨架植物、观叶植物应用，适宜表现水平线条景观，种植于花境的中景、后景处。

b.血草*Imperata cylindrical* 'Rubra'

植株为直立型观赏草；蔓延性较差，株高0.3~0.45m，簇生；叶直立，春天叶片变绿，叶尖红色，夏末和秋天叶子彻底变红，冬天变成铜色，在花境中主要作为观叶植物应用，适宜表现低矮的竖线条景观，种植于花境的前景、中景处。

图5-40 紫红色叶观赏草

C 银叶及花叶观赏草

a.'银边'芒*Miscanthus sinensis* 'Variegatus'

植株为直立型观赏草；质感刚硬，株高约0.8~1.5m；叶边缘有银白色条纹；在花境中主要作为骨架植物、观叶植物应用，适宜表现竖线条景观，种植于花境的中景、后景处。

b.玉带草*Phalaris arundinacea* var. *picta*

植株为直立型观赏草；株高0.5m；多年生草本，高30 ~ 50cm，具匍匐根状茎。叶扁平，线形，有白色或黄色条纹，质感柔软，形似玉带。圆锥形花序，花期6 ~ 7月。在花境应用中，适宜表现较低矮的竖线条景观，种植于花境的中景处。

c.'斑叶'芒*Miscanthus sinensis* 'Zebrinus'

植株为直立型观赏草；株高约0.8~1.5m；叶互生，狭线形，略卷曲，朝天或斜上生长，叶面有横段的黄色斑；在花境中主要作为骨架植物、观叶植物应用，适宜表现竖线条景观，种植于花境的中景、后景处。

图5-41　银叶及花叶观赏草

D　绿色叶观赏草

a.狼尾草*Pennlsetum alopecuroides*

植株为匍状观赏草；株高0.9~1.2m，簇生；叶片弧线形、光滑，绿色；圆锥花序圆柱形，直立，花、果期夏秋季。在花境应用中，主要作为特殊花头、骨架植物应用，适宜表现水平线条景观，种植于花境的中景、后景处。

b.细茎针茅*Stipa tenuissima*

植株为匍状观赏草；株高0.6~0.9m，质感细腻优雅，叶挺直或呈弧形，叶片狭长，呈翠绿色；圆锥花序，晚春或初夏开花，一直持续到秋季。在花境应用中，适宜表现水平线条景观，种植于花境的中景处。

c.拂子茅*Calamagrostis × acutiflora*

植株为直立型观赏草；株高约0.9m；丛生型，叶光亮而深绿；初夏开花，花序细弱且呈粉色，花序高1.2~1.5m。在花境应用中，适宜表现竖线条景观，种植于花境的中景、后景处。

图5-42　绿色叶观赏草

（3）灌木

观花、观叶、观干灌木的观赏期长，特点鲜明，养护和投入成本低，景观持续性强。在观赏其自身特性的同时，是花境中最优良的骨架植物，适用于花境中的灌木生长速度不应过快，以保证相对稳定的景观，主要种类及其花境应用介绍如下：

A　观叶灌木

a.金叶莸*Caryopteris × clandonensis*

马鞭草科莸属。落叶观叶小灌木，植株近圆球形；株高0.6~1m，冠幅0.8m；枝条圆柱形；叶黄绿色，单叶对生，楔形；聚伞花序，花冠蓝紫色，高脚碟状，腋生于枝条上部，自下而上开放，花期7~9月。叶期4~11月，观赏期长，是夏末秋初的少花季节中的优良种类。在花境应用中，适宜点缀于花境的前景、中景处，作为骨架植物和观叶植物应用。

b.金叶女贞*Ligustrum×vicaryi*

木犀科女贞属。落叶观叶灌木；株高2～3m，冠幅1.5～2m；叶金黄色。总状花序，小花白色。核果阔椭圆形，紫黑色。耐修剪。在花境应用中，适宜种植于花境的前景、中景处，可每年修剪保持在一定高度作为花境的骨架植物应用。

c.金叶接骨木*Sambucus canadensis* var. *aurea*

忍冬科接骨木属。落叶观叶灌木；株高1.5~2m，冠幅1.5m；叶金黄色；花顶生的聚伞花序，白色，花期4~5月；浆果状核果，红色，果期6~8月。在花境应用中，适宜种植于花境的中景、后景处，可每年修剪作为骨架植物或背景植物应用。

d.‘花叶’锦带*Weigela florida* 'Variegata'

忍冬科锦带属。落叶观叶、观花灌木；株高1.5~1.8 m，冠幅1.2m；花叶，长椭圆形；花鲜红色，繁茂艳丽，聚伞花序生于叶腋或枝顶，花冠漏斗状钟形，花期4~5月。在花境应用中，适宜在花境的中景、后景处作为骨架植物和观叶植物应用。

e.金叶风箱果*Physocarpus opulifolius* var. *luteus*

蔷薇科风箱果属。落叶观叶、观花灌木；株高1~2m，冠幅1.5m。叶片金黄色，三角状卵形，缘有锯齿；花白色，顶生伞形总状花序，花期5月。在花境应用中，适宜种植于花境的中景、后景处，可每年修剪作为骨架植物或背景植物应用。

f.紫叶小檗*Berberis thumbergii* f. *atropurpurea*

小檗科小檗属。落叶观叶灌木；株高0.6m，冠幅0.6m；叶深紫色或红色，幼枝紫红色，老枝灰褐色或紫褐色，有槽，具刺，叶全缘，菱形或倒卵形，在短枝上簇生；在花境中作为骨架植物应用于花境的中景处。

图5-43 观叶灌木

B 观干灌木

a.棣棠*Kerria japonica*

蔷薇科棣棠属。落叶观花、观干灌木；株高1~1.5m，冠幅1m；叶卵形至卵状椭圆形，枝条终年绿色，花金黄色，花期4~5月；在花境应用中，适宜在花境的中景、后景处作为骨架植物和观花、观干植物应用。

b.红瑞木*Cornus alba*

山茱萸科梾木属。落叶观干灌木；株高1.2~1.5m，冠幅1.5m；老干暗红色，枝血红色；叶对生，椭圆形。聚伞花序顶生，花乳白色，花期5~6月；是良好的观干植物。在花境应用中，适宜种植于花境的中景、后景处，可每年修剪作为骨架植物或背景植物应用。

C　观花灌木

a.迎春*Jasminum nudiflorum*

木犀科茉莉花属。落叶观花观株形灌木；株高0.6~1m，冠幅1m；枝细长拱形，四棱形，绿色；叶对生，卵形至长椭圆形；花单生，黄色，先叶开放，花期3月。在花境应用中，主要观早花及作为适中的丛形拱形株丛应用，适宜表现较大型的圆球形丛状景观，点缀于花境的中景处。

b.醉鱼草*Buddleja lindleyana*

马钱科醉鱼草属。落叶观花灌木；株高1.5~2m，冠幅1.5m；小枝四棱形；单叶对生，叶卵形或卵状披针形；顶生直立穗状花序，花冠钟形，有白色、紫色等花色，花期6~8月；在花境应用中，主要作为骨架植物及背景植物应用。

图5-44　观干灌木

c.凤尾兰*Yucca gloriosa*

百合科丝兰属。常绿观叶、观花灌木；株高1.2m，冠幅0.6m；茎通常不分枝或分枝很少；叶片剑形，顶端尖硬，螺旋状密生于茎上，叶质较硬，有白粉；圆锥花序，花朵杯状下垂似一个个铃铛，乳白色，花期6~10月。在花境中主要作为焦点植物应用，在花境的黄金分割点处成丛种植形成视觉焦点。花期时是良好的焦点材料和竖线条材料，花期过后可将花茎剪除，基生叶可终年观赏，作为花境中较低矮的骨架植物应用，适宜在花境的中景和后景处应用。

图5-45 观花灌木

（4）一二年生花卉

一二年生花卉因其季节性强，其中一些种类观赏期较长、景观价值高，可作为花境中重要的填充花材，可作为花境的镶边植物、独特花头以及竖线条植物应用，增加季节性的色彩感。如白晶菊、彩叶草、美女樱等低矮的种类可作为花境的镶边材料应用；海石竹、醉蝶花、千日红、矢车菊等可在花境的中景作为独特花头植物应用；蓝花鼠尾草、金鱼草、毛地黄等可在花境的中景或背景处作为竖线条植物应用（图5-46）。

图5-46 适用于花境的一二年生花卉

（5）野生花卉

野生花卉是指在原产地仍处于天然野生状态的观赏植物，极具山林野趣，是地方天然风景和植被的重要组成部分。它不仅是现有栽培花卉的祖先，而且是培育花卉新品种的重要种质资源和原始材料。野生花卉能贡献于当地土壤及生态系统。在土壤和其他条件不良的地区，野生花卉可以依靠其较强的抗性维持正常生长。在不具备表土的地段，野生花卉也可显示出特殊的栽培价值，有些野生花卉自然就生长于岩石或贫瘠土壤上，如石竹、蓝花棘豆、祁州漏芦等。另外，野生花卉真实地反映了当地的季节变化，具有自然美、抗性强、地方特色等特点，是体现地方景观风格的重要方面。应用乡土的多年生野生花卉、禾本科的草本植物形成自然有趣的景观已成为当代植物景观设计中的趋势。

野生花卉极具自然特色，又对本地土壤的生态系统有着重要的贡献，这种自然生态的植物类型非常适合应用于以自然著称的花境中，更能体现花境的生态价值。发展野生花卉，建立野生花境将是未来的重要工作。现将北京地区适用于花境的部分野生花卉的基本情况总结如下，见表5-1。

表5-1　北京适用于花境中的野生花卉

序号	中文名	拉丁名	科属	株高（cm）	花色	花期（月）	生境	评价	目前应用情况	图片
1	瓣蕊唐松草	*Thalictrum petaloideum*	毛茛科唐松草属	50~80	白色	6~8	生于海拔1000m以上的山地草坡	可作为独特花头植物在花境前中景应用	已有引种栽培，园林中尚未广泛应用	
2	棉团铁线莲	*Clematis hexapetala*	毛茛科铁线莲属	40	白色	6~8	生于山坡、山沟、林缘	可作为独特花头植物在花境前中景应用	未见引种栽培报道	
3	狼尾花	*Lysimachya barystackys*	报春花科狼尾花属	70	白色	6~7	生于湿草地、林缘、路边	可作为独特花头在花境中景应用	已有引种栽培，园林中尚未广泛应用	
4	巴天酸模	*Rumex patientia*	蓼科酸模属	100	白色	5~8	生于水湿处、田边或荒草地等	可作为竖线条植物在花境中后景应用	未见引种栽培报道，多呈野生状态	

（续）

序号	中文名	拉丁名	科属	株高（cm）	花色	花期（月）	生境	评价	目前应用情况	图片
5	灯心草蚤缀	*Arenaria juncea*	石竹科 蚤缀属	20~40	白色	6~9	生于海拔2000m的高山草甸、山坡石缝等	可作为观叶植物用于花境镶边	未见引种栽培报道	
6	糖芥	*Eerysimum bungei*	十字花科 糖芥属	45	橙黄色	5~7	生于路边、石缝或山沟林下等	可作为独特花头植物在花境前中景应用	已有引种栽培，园林中已有应用，作为地被片植	
7	景天三七	*Sedum aizoom*	景天科 景天属	30	黄色	6~7	生于中山地带干旱山坡	可作为花境镶边植物	园林中已有应用，多带状镶边种植或用于岩石园	

（续）

序号	中文名	拉丁名	科属	株高（cm）	花色	花期（月）	生境	评价	目前应用情况	图片
8	蓬子菜	*Galium verum*	茜草科猪殃殃属	40~60	黄色	6~7	生于林缘或草坡等	可作为竖线条植物在花境中景应用	未见引种栽培报道	
9	毛茛	*Ranunculus japonicus*	毛茛科毛茛属	80	黄色	5~8	生于山沟水湿地、山坡林下或林间草地等	可作为独特花头在花境中后景应用	已有引种栽培，园林中尚未广泛应用	
10	金莲花	*Trollius chinensis*	毛茛科金莲花属	50	黄色	6~7	生于林下或高山草甸	可作为独特花头植物在花境前中景应用	已有引种栽培，多作药用，园林已有少量应用	

（续）

序号	中文名	拉丁名	科属	株高（cm）	花色	花期（月）	生境	评价	目前应用情况	图片
11	龙芽草	*Agrimonia pilosa*	蔷薇科 龙芽草属	80~120	黄色	6~8	生于山坡、谷地、草丛、水边、路旁	可作为独特花头及竖线条植物在花境的中景、后景处应用	已有引种栽培，园林中未广泛应用	
12	橐吾	*Ligularia sibirica*	菊科 橐吾属	50~80	黄色	7~9	生于湿草地、河边、山坡及林缘	可作为竖线条植物在花境的中景、后景处应用	已有引种栽培，园林中未广泛应用	
13	石竹	*Dianthus chinensis*	石竹科 石竹属	35	粉红色	5~9	生于干燥山坡、崖壁或路边草丛等	可作为花境镶边植物应用	园林中已有应用，多用于岩石园或花坛	

（续）

序号	中文名	拉丁名	科属	株高（cm）	花色	花期（月）	生境	评价	目前应用情况	图片
14	大花剪秋罗	*Lychnis fulgens*	石竹科剪秋罗属	50	红色	6~9	生于林下、林缘灌丛间	可作为花境镶边植物应用	已有引种栽培，园林中已有少量应用	
15	柳兰	*Epilobium angustifolium*	柳叶菜科柳叶菜属	100	紫红色	7~8	生于海拔1000m以上山沟湿处	可作为竖线条植物在花境中后景应用	已有引种栽培，园林中未广泛应用	
16	轮叶婆婆纳	*Veronica sibirica*	玄参科婆婆纳属	60~150		6~7	生于草地、路旁、草甸等地	可作为独特花头植物在花境的中、后景处应用	已有引种栽培，园林中未广泛应用	

（续）

序号	中文名	拉丁名	科属	株高（cm）	花色	花期（月）	生境	评价	目前应用情况	图片
17	升麻	*Cimicifuga foetida*	毛茛科 升麻属	60~100	粉红色	6~7	生于山沟水边	可作为独特花头和观叶植物在花境中后景应用	已有引种栽培，园林中已有少量应用	
18	红蓼	*Polygonum orientale*	蓼科 蓼属	120~150	紫红色	7~9	生于荒地和水沟边	可作为独特姿态及花头的植物在花境后景应用	已有引种栽培，园林中已有应用	
19	祁州漏芦	*Rhaponticum uniflorum*	菊科 祁州漏芦属	50~70	淡紫色	5~6	生于低海拔的山坡草地上	可作为独特花头植物在花境中景应用	已有引种栽培，园林中未见广泛应用	

（续）

序号	中文名	拉丁名	科属	株高（cm）	花色	花期（月）	生境	评价	目前应用情况	图片
20	华北耧斗菜	*Aquilegia yabeana*	毛茛科耧斗菜属	50	紫红色	6~7	生于山坡、林缘及山沟石缝间等	可作为独特花头在花境前景、中景应用	园林中已有应用，多用于花境、花带或丛植	
21	地榆	*Sanguisorba officinalis*	蔷薇科地榆属	60~120	暗红色	6~8	多生长于山沟、阴坡灌丛、林下等	可作为独特姿态及花头植物在花境中后景应用	已有引种栽培，园林中尚未广泛应用	
22	藿香	*Agastache rugosus*	唇形科藿香属	80~150	淡蓝色	6~8	生于路边、田野	可作为背景植物在花境的背景处应用	已有引种栽培，园林中已有应用	
23	翠雀	*Delphinium grandiflorum*	毛茛科翠雀属	40~70	蓝紫色	6~9	生于海拔300~2200m的山坡草地	可作为独特花头植物在花境中景应用	已有引种栽培，原生种未广泛应用，园艺品种应用较多	

（续）

序号	中文名	拉丁名	科属	株高（cm）	花色	花期（月）	生境	评价	目前应用情况	图片
24	华北蓝盆花	*Scabiosa tschiliensis*	川续断科 蓝盆花属	40~60	蓝色	7~9	生长于海拔1400~2200m向阳山坡草地、亚高山草甸	可作为独特花头和水平线条植物在花境前中景应用	已有引种栽培，园林中尚未广泛应用	
25	马蔺	*Iris lacteal* var.*chinensis*	鸢尾科 鸢尾属	50	蓝紫色	4~6	生于沙质感或路边等	可作为水平线条植物在花境中景应用	园林中已有应用，多成丛种植	
26	蓝刺头	*Echinops latifolius*	菊科 蓝刺头属	50~70	淡蓝色	7~8	生于林缘、干燥山坡	可作为独特花头植物在花境中景应用	已有引种栽培，园林中未广泛应用	
27	蓝花棘豆	*Oxytropis coerulea*	豆科 棘豆属	30~50	蓝紫色	6~8	生于海拔1500m以上的山坡草地	可作为竖线条植物及观叶植物在花境前景应用	已有引种栽培，园林中未广泛应用	

通过对部分野生花卉的野外调查和引种栽培观测，关注野生花卉生长过程，对其中的21种野生花卉引种栽培后进行生长动态观测，并对其花境应用提出评价，为下一步进行花境设计奠定基础。

（1）瓣蕊唐松草

是较好的独特姿态及独特花头的植物。花前就有较好的观赏价值；花期时花色洁白，花形独特。观赏效果最好；花后植株逐渐枯萎，渐失观赏价值，适作为花境的中景材料，与前缘有较长期观赏效果的花卉搭配较好，如灯心草蚤缀、耧斗菜、蓝羊茅等。生长情况见图5-47。

图5-47　瓣蕊唐松草生长观测图

（2）短毛独活

是较好的水平线条植物，质感较粗糙，叶大形。植株叶期长，不易倒伏，适作为花境的背景材料。与竖线条花卉搭配为宜，如蜀葵、蛇鞭菊、蓝刺头等。生长情况见图5-48。

图5-48 短毛独活生长观测图

（3）灯心草蚤缀

是较好的观叶植物，质感轻盈，叶形奇特。在开花前就有较好的观赏价值；花期时景观最好；花后植株能保持较长时间不枯黄，花后亦有观赏价值。考虑其株高及植株的整体效果，适作为花境的前景材料。与质感轻盈、独特花头的花卉搭配为宜，如翠雀、瓣蕊唐松草、蓬子菜等。生长情况见图5-49。

图5-49 灯心草蚤缀生长观测图

（4）河北大黄

是较好的背景植物及观叶植物，质感粗糙，叶大形。不耐炎热，应给予适当侧方遮阴。适与狭苞橐吾、蓝刺头等搭配。生长情况见图5-50。

图5-50 河北大黄生长观测图

（5）棉团铁线莲

是较好的独特花头植物。花前观赏效果一般；花期时最为美丽，花色洁白，聚伞花序腋生或顶生；花后植株不易倒伏，有一定观赏性。适作为花境的前景材料。适与蓝花棘豆、石竹、糖芥、鼠尾草等搭配。生长情况见图5-51。

图5-51 棉团铁线莲生长观测图

（6）糖芥

是较好的水平线条和独特花头植物。花前观赏效果一般；花期美丽，花色橘黄，星星点点绽放。花后有果可赏，植株不易倒伏，适作为花境的前景或中景材料。适与蓝花棘豆、翠雀、矢车菊等搭配。生长情况见图5-52。

图5-52　糖芥生长观测图

（7）野罂粟

是独特姿态及独特花头的植物。花前观赏效果一般；花期观赏效果最好，花色纯黄。花后有果可赏，可作为花境的前景或中景材料。植株轻盈飘洒，株丛松散自然，适与小型观赏草、翠雀、蓝花棘豆、地榆等搭配。生长情况见图5-53。

图5-53　野罂粟生长观测图

（8）狭苞橐吾

为典型的竖线条花卉，质感粗糙。花前有一定的观赏价值；花期时观赏效果最好，花黄色，花序长；花后花梗渐枯，但不易倒伏，叶会维持很长时间才枯萎，花后有一定观赏价值。适作为花境的背景材料。适与蓝刺头、短毛独活等搭配。生长情况见图5-54。

图5-54 狭苞橐吾生长观测图

（9）蓬子菜

是较好的观叶植物及竖线条植物。花前有一定观赏价值；花期时效果最好。花后渐枯，易倒伏，应适当支撑或栽植密度稍大；适作为花境的中景材料。适与蓝刺头、翠雀、狼尾草等搭配。生长情况见图5-55。

图5-55 蓬子菜生长观测图

（10）毛茛

是较好的独特花头及水平线条植物，叶形较好。花前具有一定的观赏价值；花期时效果最好。花后花茎干枯，但不易倒伏。适作为花境的中景材料。适与蓝刺头、蛇鞭菊、柳兰搭配。生长情况见图5-56。

图5-56 毛茛生长观测图

（11）射干

是较好的独特花头及观叶植物，叶剑形。花前具有一定观赏价值；花期时景观最佳，总状花序，数朵顶生，橘红色；花后长果，植株不易倒伏，具有观赏价值。适与毛茛、蛇鞭菊、蓬子菜、柳兰等搭配。生长情况见图5-57。

图5-57　射干生长观测图

（12）地榆

是良好的独特姿态与独特花头植物，植株松散自然，叶嫩绿。在花前具一定观赏价值；花期观赏效果最好，穗状花序可爱；花后果梗与叶在较长时间内干枯，且枯后似干花，具有观赏价值，但后期会倒伏。适作为花境的中景和背景材料，适与野罂粟、蓬子菜、矢车菊等搭配。生长情况见图5-58。

图5-58　地榆生长观测图

（13）祁州漏芦

为典型的独特花头花卉，质感粗糙。花前有一定的观赏价值；花期时效果最好；花后花梗与果似干花状，不易倒伏，具有观赏价值。适作为花境的中景和背景材料，与狼尾草、天人菊、柳兰等搭配。生长情况见图5-59。

图5-59　祁州漏芦生长观测图

（14）石竹

为良好的镶边材料，植株紧凑。花期较长，不易倒伏。适合长条形团块布置起镶边作用。生长情况见图5-60。

图5-60　石竹生长观测图

（15）水杨梅

为良好的观叶植物。植物叶期很长，花期效果更好，花后将花茎剪除，保持叶期的长久景观。适宜作为花境的中景和前景材料，适与观赏葱、大花剪秋罗、野罂粟、蓝刺头搭配。生长情况见图5-61。

图5-61 水杨梅生长观测图

（16）藿香

为较好的花境背景植物及竖线条植物。花前具有一定观赏价值；花期时景观最佳，轮伞花序组成顶生的假穗状花序，花冠淡紫色；花后植株不易倒伏，具有观赏价值。适作为花境的背景植物应用。生长情况见图5-62。

图5-62 藿香生长观测图

（17）白头翁

为较好的花境镶边植物及独特花头植物。花前具有一定观赏价值；花期时景观最好，花单朵顶生，蓝紫色；花后长瘦果，密集成头状，花柱宿存，银丝状，具有较高观赏价值。适作为花境的镶边植物应用。生长情况见图5-63。

图5-63　白头翁生长观测图

（18）翠雀

质感轻盈。花前就有较好的观赏价值；花期时花色纯深蓝，花形奇特，观赏效果最好；但花后植株较快枯萎，花后较快失去观赏价值，适作为花境的中景材料，与前缘有较长期观赏效果的花卉搭配较好，如蓝花棘豆、糖芥等。生长情况见图5-64。

图5-64　翠雀生长观测图

（19）蓝花棘豆

植株质感中等，叶丛生直立。开花前就有较好的观赏价值；花期时花朵绚丽，观赏效果最佳；花后植株能保持近1月时间不枯黄，亦有观赏价值。适作为花境的前景材料，与较低矮的观赏草、独特花头的花卉搭配为宜，如蓝羊茅、糖芥等。生长情况见图5-65。

图5-65 蓝花棘豆生长观测图

（20）华北蓝盆花

为独特花头花卉。花前观赏效果一般；花期效果最好，蓝紫色花；花后有果可观，后期果梗会倒，可以将其剪除，叶子仍具有一定观赏价值。适作为花境的中景和前景材料，适与滨菊、蛇鞭菊、鼠尾草、蓬子菜等搭配。生长情况见图5-66。

图5-66 华北蓝盆花生长观测图

（21）蓝刺头

为典型的独特花头花卉，质感粗糙。花前有一定的观赏价值；花期时效果最好；花后有果，植株较长时间才枯萎，不易倒伏，花后也有一定的观赏价值。适作为花境的背景材料或小团块的中景材料，与蓬子菜、短毛独活、狭苞橐吾、斑叶芒等搭配。生长情况见图5-67。

图5-67 蓝刺头生长观测图

5.3.2 设计实例

（1）北京植物园中美园的花境

A 环境分析

北京植物园中美园为狭条形带状空间，整个场地长度约100m，宽度约20m。入口处没有明显标识。现状以白皮松、油松、银杏等少量乔木以及零星点缀的红瑞木、丁香等灌木形成的疏林景观为主，整体以绿色为主色调。因此，在入口道路的一侧布置花境，以增加色彩和层次，并起到入口标识作用。花境环境平面见图5-68。

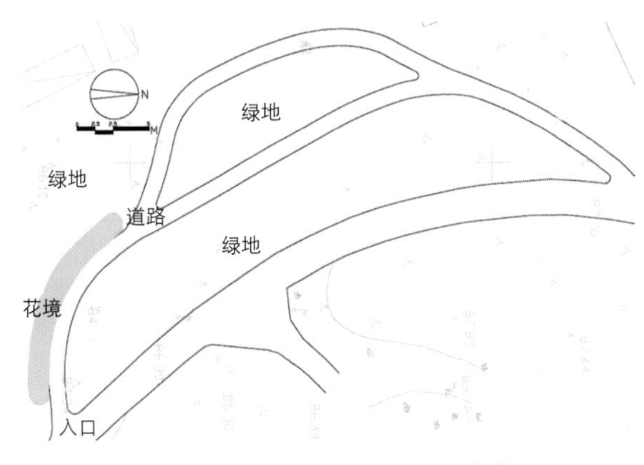

图5-68 花境环境平面图

B　**花境设计说明**

花境布置于入口道路的一侧，为单面观花境，依照道路的走势自然成形。花境设计长度为25m，宽度为3.5m。花境以美国海棠、醉鱼草等自然的树丛为背景。为了提亮整个环境的色彩，所以花境设计以红黄色为主的暖色色彩主题。为了保证较长的观赏期以及相对粗放的养护管理，设计为混合花境，以金叶接骨木、金叶莸、金叶风箱果等彩叶植物以及芒、玉带草等观赏草为骨架，以观赏期较长的宿根花卉为主体。观赏期从4月下旬可持续至10月下旬。在立面设计上，主要通过配置不同株高、株形的植物营造立面的丰富景观。为了增加花境的纵向层次以及横向的流动感，平面设计采用飘带形组合。其平面图和实际的景观效果见图5-69、图5-70。

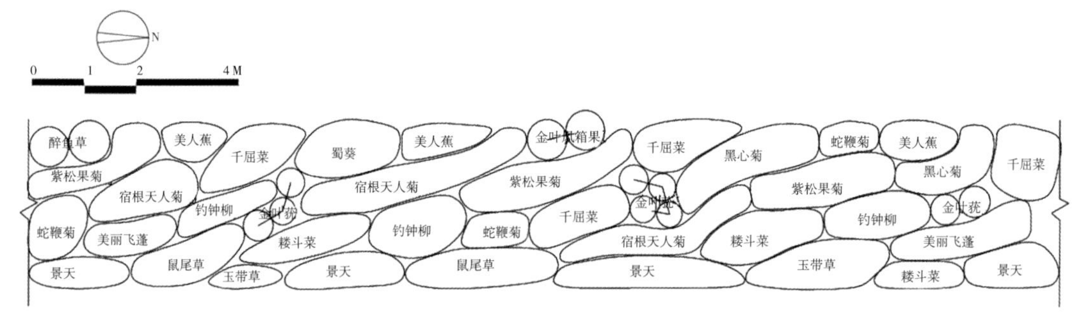

图5-69　花境平面图

图5-70　花境的四季景观效果图

花境选用的主要植物种类见表5-2。

表5-2 花境植物名录

序号	中文名	拉丁名	花期	花色	株高（cm）	冠幅（cm）	用量（株）
1	八宝景天	*Sedum spectabile*	9	棕红色	45	35	200
2	钓钟柳	*Penstemon campanulatus*	5~7	白色	50	30	30
3	‘金娃娃’萱草	*Hemerocallis fulva* ‘Stella deoro’	5~7	红色	35	35	50
4	穗状婆婆纳	*Veronica spicata*	6~7，8~9	红色	30	30	70
5	假龙头	*Physostegia virginiana*	8~9	白色	50	30	110
6	紫松果菊	*Echinacea purpurea*	6~7，8~9	紫色	60	40	50
7	耧斗菜	*Aquilegia vulgaris*	5~6	杂色	45	35	150
8	蛇鞭菊	*Liatris spicata*	7~9	紫色	60	30	60
9	千屈菜	*Lythrum salicaria*	8~9	紫色	70	40	50
10	宿根天人菊	*Gaillardia aristata*	5~11	橘红	35	35	80
11	金鸡菊	*Coreopsis basalis*	6~7，8~9	黄色	50	35	35
12	美人蕉	*Canna indica*	6~10	红色	100	60	10
13	蜀葵	*Althaea rosea*	5~6	杂色	100	50	11
14	美丽飞蓬	*Comnyza canadensis*	5	粉色	40	35	65
15	芒	*Misthaanthus sinensis*			80	50	15
16	玉带草	*Phalaris arundinacea* var. *picta*			50	30	60
17	血草	*Imperata cylindrical* ‘Rubra’			40	30	60
18	月季	*Rosa chinensis*			70	50	3
19	醉鱼草	*Buddleja lindleyana*			120	70	20
20	金叶风箱果	*Physocarpus opulifolius* var. *luteus*			150	100	3
21	花叶锦带	*Weigela florida* ‘Variegata’			120	70	4
22	金叶莸	*Caryopteris* × *clandonensis*			50	40	3

C **成本估算**

花境建成的成本主要包括植物材料投入以及人员工时投入，其中苗木价格参照2007年北京植物园苗圃价格。共计约7000元。成本经费投入见表5-3。

表5-3　花境投入成本估算表

项目	成本经费（元）
植物材料投入（元）	6000
人员工时投入（元）	800
总投入（元）	6800

（2）北京天卉苑花卉研究所的花境

A　环境分析

花境设置于北京天卉苑花卉研究所办公楼的建筑基础处，背景为白色墙体，前缘为入口道路。整个场地呈矩形，长约47m，宽约3.4m，在场地中央每间隔3～5m种植了冠幅为1.5m的龙爪槐。环境平面见图5-71。

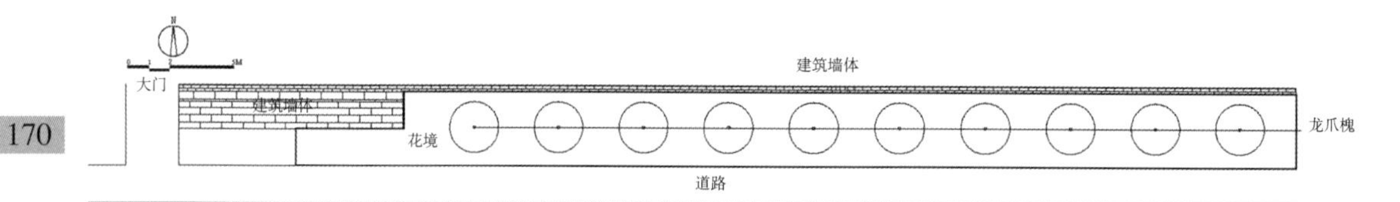

图5-71　花境环境平面图

B　花境设计说明

此处设置花境除了办公楼基础的美化以外，更重要的是为了个性化的集中展示花卉研究所培育出的宿根花卉种类，因此，在花境中会尽可能多地种植宿根花卉种类。

花境依据场地设计成矩形，长为44m，宽为2.8m，场地中的龙爪槐全部保留。花境以建筑墙体为背景，为单面观花境。花境以混色为主，展示多种花卉的群体色彩。主要观赏期在4月中旬到10月下旬。平面设计为飘带形组合，以增加花境的层次感和流动感。植物团块设置较小，多数为1~2m^2，以在既定的场地中更多的展示植物种类。其平面图及实际景观效果见图5-72。

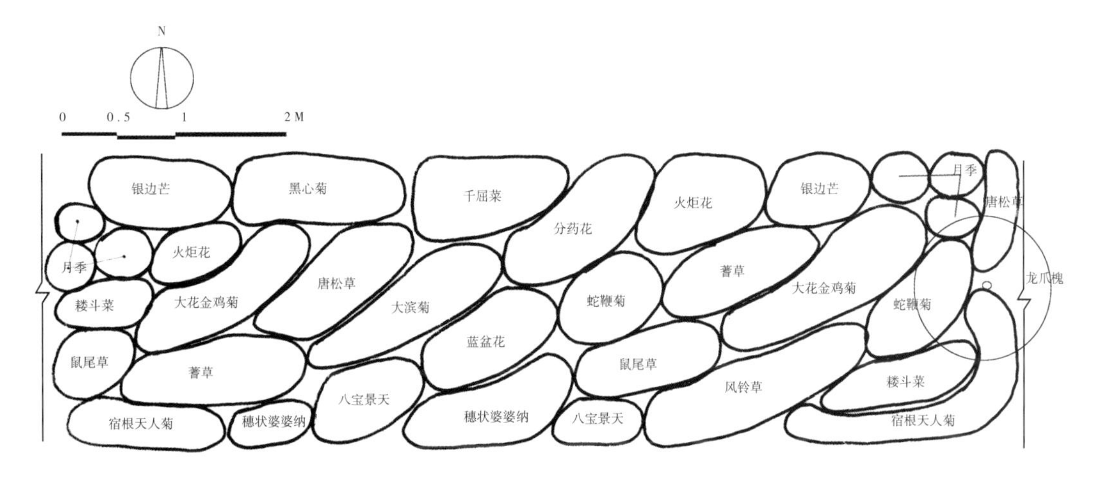

图5-72 花境平面图和景观效果图

花境选用的主要植物种类见表5–4。

表5–4　花境植物名录

序号	中文名	拉丁名	花期	花色	株高（cm）	冠幅（cm）	用量（株）
1	轮叶金鸡菊	*Coreopsis verticillata*	6~9	黄色	40	35	75
2	大花萱草	*Hemerocallis fulva*	5~7	杂色	50	35	34
3	宿根福禄考	*Phlox drummondii*	6~7	杂色	40	30	80
4	火炬花	*Kniphofia uvaria*	6~7	橘黄	55	40	45
5	千叶蓍	*Achillea millefolium*	6~8	白、粉	40	40	38
6	穗状婆婆纳	*Veronica spicata*	5~7,8~9	蓝色	30	30	41
7	蓝盆花	*Scabiosa atropurea*	5~7	蓝色	50	35	39
8	委陵菜	*Potentilla aiscolor*	5~6	红色	30	30	9
9	千屈菜	*Lythrum salicaria*	6~7	紫红	70	40	36
10	翠雀	*Delphinium grandiflorum*	5~6	蓝色	60	30	45
11	紫松果菊	*Echinacea purpurea*	6~7,8	紫红	60	40	56
12	大滨菊	*Chrysanthemum maximum*	5~6	白色	50	30	22
13	八宝景天	*Sedum spectabile*	9	棕红	40	30	64
14	林荫鼠尾草	*Salvia nemorosa*	5~7,8~9	蓝、白	35	30	68
15	毛果一枝黄花	*Solidago virgaurea*	9	黄色	70	35	39
16	藿香	*Agastache ragosus*	6~8	蓝色	60	40	71
17	堆心菊	*Heleniun autumnale*	8~9	黄色	60	40	10
18	假龙头	*Physostegia virginiana*	8~9	白、粉	50	30	86
19	剪秋罗	*Lychnis fulgens*	5~6	红色	45	30	16
20	宿根天人菊	*Gaillardia aristata*	5~11	橘红	35	35	31
21	山桃草	*Gaura lindheimeri*	6~7	红色	50	35	17
22	紫菀	*Aster tataricus*	8~9	蓝紫	45	35	54
23	马兰	*Kalimeris pinnatifida* var. *hortensis*	7	白色	50	30	18
24	金光菊	*Rudbeckia laciniata*	7~9	黄色	60	35	6
25	耧斗菜	*Aquilegia vulgaris*	4~6	杂色	45	40	42
26	钓钟柳	*Penstemon campanulatus*	5~7	白色	50	30	34
27	月见草	*Oenothera erythrosepala*	5~6	黄色	50	30	18
28	金莲花	*Trollius chinensis*	5	橘黄	40	35	10
29	秋葵	*Abelmoschus esculentus*	6~7	杂色	60	40	17

（续）

序号	中文名	拉丁名	花期	花色	株高（cm）	冠幅（cm）	用量（株）
30	分药花	*Perovskia abrotanoides*			50	30	43
31	狼尾草	*Pennisetum alopecuroides*			70	40	5
32	拂子茅	*Calamagrostis epigeios*			60	35	2
33	蓝羊茅	*Festuca glauca*			40	30	30
34	看麦娘	*Alopecurus pratensis* 'Variegatus'			35	30	11
35	月季	*Rosa chinensis*			60	35	15

C　**成本估算**

花境建成的成本主要包括植物材料投入以及人员工时投入，其中苗木价格参照2008年北京市花木公司定价。共计5500元。成本经费投入见表5-5。

表5-5　花木公司花境成本估算表

项目	经费（元）
植物材料投入	4500
人员投入	1000
总投入	5500

花境设计

第六章
花境的施工与养护管理

花境的施工是将图纸上设计完成的花境真正落实到地面的过程。而当花境建成以后，要保持较好的景观效果则需要进行相应的养护管理。

6.1 花境的施工

花境施工主要包括整地、放线、种植等几个方面的内容。

（1）整地

将花境所在区域的土壤挖深50cm左右，将大土块敲碎，并及时清除杂草、石块和其他垃圾。土质差的地段需要换土，对土壤有特殊要求的植物在种植范围内可局部换土。待土壤翻松后，加入适量草炭土、鸡粪等拌匀、细翻。然后将土壤的表面整平（图6-1）。另外，对于一些根蘖性、蔓延性强的植物如玉带草等可在种植团块的边缘挖沟，埋入砖等硬质隔离以防影响其他植物生长。

图6-1 平整的花境种植床

（2）放线

放线是根据绘制好的花境平面图按比例将花境平面放样到地面上。通常用网格法放线，在图纸上找出一个固定点，按一定间距在图纸上画出网格（对于长条形的花境，在横向上可以3m或5m为间距，在纵向上可以1m为间距），然后在实地按比例先将方格网放样到种植床中，然后依据方格网，用石灰或细沙等将各个植物团块的外轮廓放样到种植床

图6-2 花境放线

（图6–2）。因石灰对土壤有害，所以在条件允许的情况下，建议最好不用。可用细沙、草炭土等代替。

（3）种植

A　**设置园林小品**

在放线完成后以及种植前，将花境设计中的园林小品如动物造型、置石、攀援植物所需要的棚架都定点设置好。

B　**确定种植间距**

混合花境中乔灌木基本上作为个体种植，所以不用考虑它们之间的种植间距。但如果作为背景屏障种植，则要比它们平常的冠幅种植的要密。当花境空间太小而无法种植乔灌木时，可在花境背景处或应设骨架的地方设置藤架或篱笆等支撑结构，再种植上藤本植物，如藤本月季等，以形成漂亮的背景及骨架结构，这种方法占用的面积不大，在花境立面上却占有绝对优势。

宿根花卉是混合花境中用得最多的一类，是花境的重头戏。关于宿根花卉的种植间距，一种方法是高的竖线条花卉如蜀葵、蛇鞭菊、毛地黄等的种植间距为其成熟高度的1/4。高的丛生花卉如美国薄荷、金鸡菊等的种植间距为它们成熟高度的1/2。较低矮的水平线条花卉如石竹、宿根天人菊、八宝景天等的种植间距为它们的成熟高度，攀援性的地被植物的种植间距是它们成熟高度的两倍。另一种方法是根据花卉在花境中所处的位置大致确定它们的种植间距。种植在花境前缘、高度在0.3m以下的花卉，其种植间距一般为0.2~0.3m。中等尺寸的花卉最好的种植间距为0.4~0.5m。株型较大的花卉如观赏草、美人蕉等最好的种植间距为0.5~0.7m，而多数宿根花卉则以0.35~0.45m的种植间距为佳。

一二年生花卉基本作为花境的镶边及补充材料，一般种植间距为0.2~0.3m。球根花卉种植间距的一般指导原则是球根宽度的3倍。小的球根植物如番红花属植物等经常以0.08~0.1m的间距种植，而多数的球根花卉如水仙、郁金香、风信子和较大的葱属植物等，约以0.15m的间距种植，大型的葱属植物可以约0.3m的间距种植。

C　**遵循先后顺序种植**

确定各个团块中需要种植的植物材料，可在每个团块中放置一株植物或插上写有植物名称的牌子，用于指导工人种植（图6–3）。种植时需要遵循先后顺序，首先种植整个花境的背景和骨架，即先种植其中的小

图6-3 植物标牌

乔木、灌木、大型观赏草等。因为这些植物种植时需要挖掘较大的种植穴，先种植它们，就可避免从穴中挖出的土壤毁坏旁边的植物。其次按照一定的顺序如从后往前、从左往右依次种植其他的花卉。如果有镶边植物，等花境主体部分都种植完成后，最后种植。背景与花境主体植物之间可以预留30 ~ 50cm的小通道，以便日后养护花境。

（4）清理现场

待植物种植完成后，将施工现场修剪下来的枝条、清理出的草根和石块、多余的植物材料清理干净，保持花境所在的环境整洁（图6–4）。

图6–4 整洁的花境环境

6.2 花境的养护管理

花境的养护管理对于保持花境的持续性景观非常重要。在花境种植完成后，花境的养护管理工作也就开始了。有些工作是种植完成后立即需要做的，如浇水、覆盖、支撑等；有些工作是随植物生长而逐渐开展的，如除草、修剪等。

（1）浇水

种植完成后，初次浇水对植物存活非常重要，一般应浇三次透水：种植完成后马上浇第一次；2~3天后浇第二次；5天后浇第三次，每次都必须将水浇透。

平常，浇水的时间和次数依据天气的不同而定。在天气炎热的季节，一般在上午或傍晚浇水，在寒冷的季节，则在中午浇水。决定是否需要浇水，主要看土壤的干旱程度，可以用手插入土壤，如果地表附近的土壤已经干燥，就需要浇水了；或者发现一些植物有萎蔫的现象也说明缺水了。多数植物在移植初期的需要水量较大；在植物正常生长时期，土壤可见干见湿，基本保持土壤湿润即可；在北京等寒冷地区，霜冻之前要浇透一次冻水，以保证植物安全越冬。

（2）支撑

支撑是防止植株倒伏的有效方法，特别是对于遭受大风等恶劣天气以及一些花后极易倒伏的植物来说，设立支撑会保护和延长它们的观赏效果。这种方法在国外的花境中有所应用，但在我国的花境中应用较少。

设立支撑主要有两种方法，一种是整体支撑，一种是个体支撑。整体支撑是在花境植物幼苗种植完成后，将暗色的或不显眼的网线架设在距离植物幼苗高30~50cm处，等植物逐渐长大，会穿过网眼。这样，网线则对植物起到了支撑保护作用，而且繁茂的植物枝叶也会逐渐掩饰掉网线，不影响花境美观。个体支撑是特别为易倒伏的植物设立的，如飞燕草、毛地黄等，在植物未开花前，用细木棍、竹竿等在植物附近深插入土，再用绳子将其与植物系住以固定植物，可四周固定也可一边固定（图6–5）。需要指出的是，选用的支撑以及绳子色彩不宜太醒目，最好将支撑做成花境中的一景，而不是破坏原本的花境景观。

图6–5 花境的整体支撑和个体支撑（左图引自《Best Borders》，Tony Lord, 1994; 右图:朱仁元摄）

（3）覆盖与除草

在花境种植完成后，可在植物的间距中用树皮、草屑、碎石等将裸露的土壤覆盖住，这样可以有效防止杂草生长，以及减少水分散失（图6–6）。

图6–6 花境中用树皮、碎石覆盖土壤

目前，除草基本依靠人力，费时费力。所以在整地时就要清理干净杂草，在植物种植后铺设覆盖物，这样可在一定程度上减少杂草的生长。对于花境中已经长出的杂草要及时清理，不能等到秋天草籽成熟掉落到花境中而加剧来年的工作量。

（4）修剪

修剪可以使花境中的木本植物保持理想的株高和形状，一般在休眠期进行，北京等地可以11月至次年的3月之间进行冬剪。

对于花境中的草本植物，在花前，可以对有些植物进行掐尖处理削弱顶端优势促进侧枝生长、促进开花，如地被菊、紫菀等。在花后应及时修剪掉残花、枯枝以保证花境的清爽整洁。而最为重要的是，修剪可以使得某些草本花卉二次开花以延长花境观赏期。所以，在花境养护管理中，应特别留意修剪后可以二次开花的植物种类，将其适时进行修剪，延长花境观赏期。

通过实践发现，北京常见的宿根花卉中，泽兰、风铃草、月见草、蜀葵、吊钟柳、火炬花、蛇鞭菊等7种花卉在修剪后花量很少，达不到二次开花的景观效果。宿根福禄考、紫松果菊、穗状婆婆纳（蓝色、白色、粉色）、千屈菜、荆芥、千叶蓍、美国薄荷、金鸡菊、金光菊、宿根天人菊这10种花卉在修剪后均可二次开花，并可达到较好的景观效果。其中，宿根福禄考、紫松果菊、千屈菜、金光菊的最佳修剪时间约在7月15日左右，基本于8月中旬可二次开花；穗状婆婆纳、千叶蓍、美国薄荷、宿根天人菊的最佳修剪时间约在7月5日左右，基本于8月上旬可二次开花；荆芥、大花金鸡菊的最佳修剪时间约在6月25日左右，基本于7月下旬可二次开花。这10种花卉在已有85%~90%落花时即可修剪，而在修剪后的30天左右进入二次花期，达到较好景观效果。

（5）施肥

在整地时，应在土壤中加入足够的基肥。当花境种植完成后，每逢春天植物未出苗前，在土壤上覆盖一层薄薄的有机肥。条件允许的话，可以在秋冬季地上部分枯萎后覆盖一层有机肥。

（6）病虫害防治

对于花境的病虫害防治，最重要的是预防。花境植物种植前一定要对土壤进行消毒，把土壤中存在的病菌、病毒、害虫、虫卵消灭，减少病源。为植物提供适宜的土壤环境、水分条件、空气流通和营养物质等需求。并选用抗性较强的植物种类，保持合理的种植密度，保持花境种植床的环境卫生，及时清除残花、枯枝、落叶及其他杂物，减少病虫害的滋生和蔓延。对花境植物进行合理配置，避免植物间的相互感染。这些方法都会在一定程度上抑制病虫害，使得植物生长健壮，从而抵御病虫害的侵袭。

一旦发现植株感染病虫害应及时处理，避免感染其他植株。尽量使用生物治理和物理治理方法，摘除病枝或捕捉害虫，特别需要时才应用化学药剂进行治理。

参考文献

[1] (英)安德鲁・威尔逊著,张红卫译.现代最具影响力的园林设计师[M].昆明:云南科技出版社,2004.
[2] (英)伯德著,周武忠译.花境设计师[M].南京:东南大学出版社,2003.
[3] 陈妙如.浅谈花境的设计及其在深圳的应用[J].南方农业(园林花版),2008,2(03):12~13.
[4] 陈志萍.花境植物材料的选择与应用——以上海地区城市绿地为例[D].浙江大学,2005:10~50.
[5] 董丽.园林花卉应用设计[M].北京:中国林业出版社,2003.
[6] 顾顺仙.花境新优植物应用及养护[M].上海：上海科学技术出版社,2005.
[7] 顾颖振.花境的分析借鉴与应用实践研究——以杭州西湖风景区为例[D].浙江大学,2006:19~39.
[8] 顾颖振,夏宜平.园林花境的历史沿革分析与应用研究借鉴[J].中国园林,2006,(09):45~49.
[9] (英)克劳斯顿著,陈自新,许慈安译.风景园林植物配置[M].北京:中国建筑工业出版社,1992.
[10] (美)兰茜・J.奥德诺著，刘建秀译.观赏草及其景观配置[M].北京:中国林业出版社,2004.
[11] 李炜民,孟雪松,郭佳. 北京东灵山、百花山风景名胜区野生花卉资源开发及利用[J].河北林果研究,2005,20(3):286~288.
[12] 李雄.园林植物景观的空间意象与结构解析研究[D].北京林业大学.2006:23~56.
[13] 刘燕.园林花卉学[M].北京:中国林业出版社,2003.
[14] (英)帕特里克・泰勒著,高亦珂译.英国园林[M].北京:中国建筑工业出版社,2003.
[15] 石进朝,解有利.北京山区野生花卉资源及开发利用[J].中国野生植物资源,2002,21(6):47~49.
[16] 孙筱祥.园林艺术及园林设计[M].北京:北京林学院.1981.
[17] 王贺东,孙柱彪,尹凤琴.承德地区花境适用野生花卉调查及引种驯化[J].河北林业科技,2007,(03):20~24.
[18] 汪劲武.常见野花[M].北京:中国林业出版社,2004.
[19] 王美仙,刘燕. 英国花园发展浅析[J]. 广东园林, 2007,29(1)70~73.
[20] 王美仙,刘燕.花境发展历程初探[J].北方园艺,2008,(02):153~156.
[21] 王美仙,刘燕.花境及其在国外的研究应用[J].北方园艺, 2006, (04):135~136.
[22] 王美仙.花境溯源[J]. 园林,2009(10)12~15.
[23] 王美仙,刘燕.我国花境应用现状与前景分析[J].江苏林业科技,2006,33(03):49~51.
[24] 王美仙,刘燕. 花卉的观赏期观测及延长花期技术初探[J]. 黑龙江农业科学,2010(12):83~85.
[25] 王美仙. 北京野生花卉的应用现状及引种试验[J]. 江苏农业科学,2011(2):282~284.
[26] 王美仙,刘燕. 小龙门森林公园适于花境的野生花卉评价及引种研究[J]. 湖北农业科学, 2009(7):1683~1686.
[27] 王树栋,刘建斌,赵祥云,徐红梅.北京山区野生花卉的资源及其主要应用类型[J].北京农学院学报,2003,18(03):191~194.
[28] 魏钰,张佐双,朱仁元.花境设计与应用大全[M].北京:北京出版社,2006.
[29] 温仕英.北方常见花境植物养护要点[J].河北农业科技,2008,(03):29.

[30]吴涤新.花卉应用与设计[M].北京:中国农业出版社,1994.
[31]吴涤新,何乃深.园林植物景观[M].北京：中国建筑工业出版社,2004.
[32]夏宜平,顾颖振,丁一.杭州园林花境应用与配置调查[J].中国园林,2007,(01):89~94.
[33]徐冬梅.哈尔滨地区花境专家系统的研究[D].东北林业大学,2004.
[34]徐冬梅,周立勋.花境在我国应用中存在的若干问题探析[J].北方园艺,2003,(04):10~11.
[35]杨滨章.外国园林史[M].哈尔滨:东北林业大学出版社,2003.
[36]叶剑秋.街头绿地的色彩源——宿根花卉花境[J].园林,1995,(02):39~40.
[37]尹豪.英国工艺美术花园的艺术特征及其影响[D].北京林业大学,2007:43~70.
[38]张德舜,陈有民.北京山区野生花卉调查分析[J].北京林业大学学报,1989,11(4):80~87.
[39]赵锡惟.庭园中如何布置花境[J].园林,2003,(06):9~10.
[49]周苗新.花境的设计艺术[J].中国花卉园艺,2003,(10):15.
[41]朱红霞.百花山野生花卉资源及园林应用[J].中国野生植物资源,2003,22(2):12~14.
[42]Arabella lennox-Boyd. Traditional English Gardens[M]. London: Weidenfeld and Nicolson,c1987.
[43]Bob Hyland. Designing Borders for Sun and Shade[M]. Brooklyn Botanic Garden.2006.
[44]Caroline Boisset. Gardening in Time[M]. New York: Prentice Hall Pr.,c1990.
[45]Caroline Boisset. The Plants Growth Planner [M]. Mitchell Beazley Publishers,c1992.
[46]Catherine Ziegler. The Harmonious Garden[M]. Portland, Or.: Timber Press, c1996.
[47]Chris Crowder. The Garden at Levens[M]. London: Frances Lincoln Limited, c2005.
[48]Christopher Lloyd. The Well-Chosen Garden[M]. New York: Harper & Row, c1984.
[49]David Squire, Jane Newdick. The Scented Garden[M]. Emmaus, Pa: Rodale Press, c1989.
[50]David Stuart. Classic Garden Features[M]. London: Conran Octopus.
[51]David Stuart. Classic Garden Plans[M]. Portland, OR: Timber Press,c2004.
[52]David Stuart. Planting the Perfect Garden[M]. London: Macmillan, c1991.
[53]Derek Fell, Carolyn Heath. 550 Perennial Garden Idea[M]. New York: Simon & Schuster, c1994.
[54]Douglas Coltart. Designing and Renovating Larger Gardens[M]. Portland, OR: Timber Press,c2007.
[55]Douglas Green. Perennials all Season[M]. Chicago: Contemporary Books,c2003.
[56]Et Jardins. Gertrude Jekyll colors[M]. London: Frances Lincoln Limited,c1988.
[57]Ethne Clarke. The Flower Garden Planner[M]. New York: Simon and Schuster, c1984.
[58]Gertrude Jekyll. A Gardener's Testament[M]. London: Macmillam, c1984.
[59]Gertrude Jekyll. Gertrude Jekyll on Gardening[M]. London: Macmillan, c1985.
[60]Gertrude Jekyll. Color Schemes for the Flower Garden[M]. London:Ayer co Pub, c1983.
[61]George Plumptre. Great Gardens Great Designers[M]. London: Ward Lock, c1994.
[62]Graham Strong. Planting Guide to Annuals & Perennials[M]. London: Merehurst Limited, c2000.
[63]Hanneke Van Dijk. Encyclopaedia of Border Plants[M]. The Netherlands: Rebo Productions, c1997.
[64]Helmreich, Anne. The English Garden and National Identity[M].London:Cambridge

University Press, c2002

[65]Jane Newdick. Period Flowers[M]. London: Charles letts,1991.

[66]Jeff, Marilyn Cox. The Perennial Garden[M]. Emmaus, Pa: Rodale Press,c1985.

[67]Jill Billington. The Summer Garden[M]. London: Ward Lock, c1997.

[68]John Brookes. Garden Design[M].Great Britain: Dorling Kindersley Limited, c2001.

[69]John Esten. Hamptons gardens[M]. American: Rizzoli International Publications, Inc.,c2004.

[70]Ken Druse. The Natural Garden[M]. New York: C.N.Potter. c1989.

[71]Mark Laird. The Flowering of the Landscape Garden[M]. Philadelphia: University of Pennsylvania Press, c1999.

[72]Mary Keen. Gardening with Color[M]. New York: Random House, c1991.

[73]Noel Kingsbury.Designing Borders[M]. Cassell Illustrated. c2004

[74]Patrick Taylor. Making Gardens[M]. Portland, Or.: Timber Press, c1998.

[75]Penelope Hobhouse. Flower Gardens[M]. London: Frances Lincoln Limited.c1991.

[76]Peter Coats. Beautiful Gardens Round the World[M]. London: George Weidenfeld & Nicolson Ltd.c1985.

[77]Peter Mchoy, Barbara Segall, Stephanie Donaldson. Perfect Small Gardens[M]. USA: Lorenz Books, Anness Publishing Inc.,c2002.

[78]Peter Loewer. The Wild Gardener[M]. Harrisburg: Stackpole Books, c1991.

[79]Peter Verney & Michael Dunne. The Genius of the Garden[M]. Great Britain: Nebb & bower Limited, c1989.

[80]Richard Bisgrove. The Gardens of Gertrude Jekyll[M]. Frances Lincoln. c1992.

[81]Robin Lane Fox. Better Gardening[M]. Beckley, Oxfordshire: R.& L.,c1982.

[82]Roger Turner. Design in the Plant Collector's Garden[M]. Portland, OR: Timber Press,c2005.

[83]Rosemary Verey. Classic Garden Design[M]. New York: Random House,c1989.

[84]Schinz, Marina. Visions of Paradise[M]. New York: Stewart, Tabori @ Chang. c1985.

[85]Susan Littlefield, Marina Schinz. Visions of Paradise[M]. New York: Stewart, Tabori & Chang, c1985.

[86]Tony Lord. Best Borders[M]. London: Frances Lincoln Ltd.c1994.

[87]Tony Lord. Gardening at Sissinghurst[M]. New York: Macmillan,c1995.

[88]Tony Lord. The Encyclopedia of Planting Combinations[M]. Toronto: Firefly, c2002.

[89]Tracy Disabato-Aust. The Well-Designed Mixed Garden[M]. Portland, OR: Timber Press,c2003.

[90]Ursula Buchan. The English Garden[M]. London: Frances Lincoln,c2006.

[91]Viki Ferreniea. Wildflowers in Your Garden[M]. New York: Random House, c1993. William Robinson.